世界一やさしい！

細胞図鑑

監修・代々木ゼミナール生物講師　鈴川 茂
マンガ・りゃんよ

新星出版社

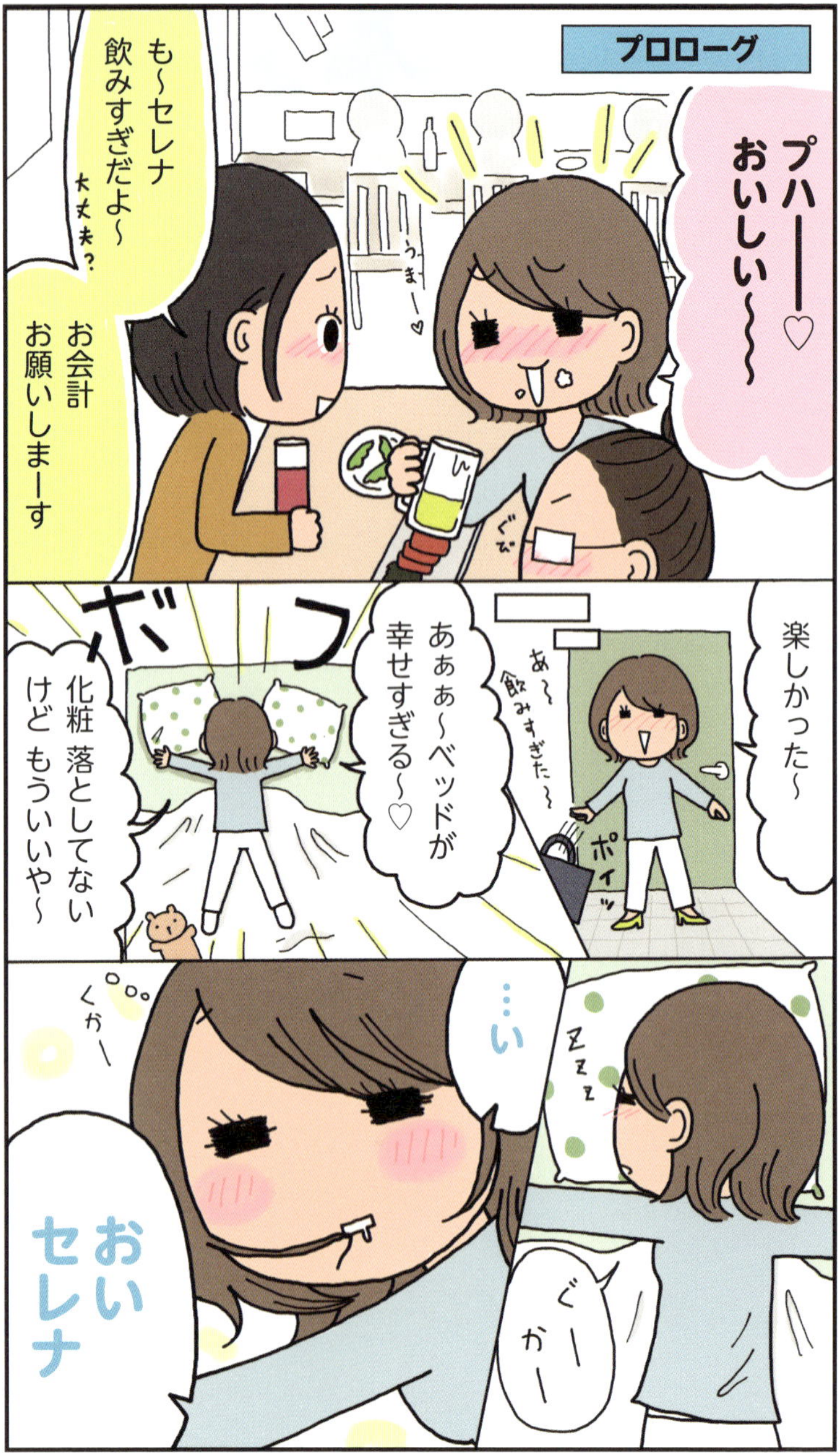
プロローグ
プハー♡
おいしい〜〜〜
うま〜♡
も〜セレナ
飲みすぎだよ〜
大丈夫？
お会計
お願いしまーす
ぐび
楽しかった〜
あ〜
飲みすぎた〜
ポイッ
あぁぁ〜ベッドが
幸せすぎる〜♡
ボフ
化粧 落としてない
けど もういいや〜
…い
Zzz
おい
セレナ
ぐー
かー
くかー

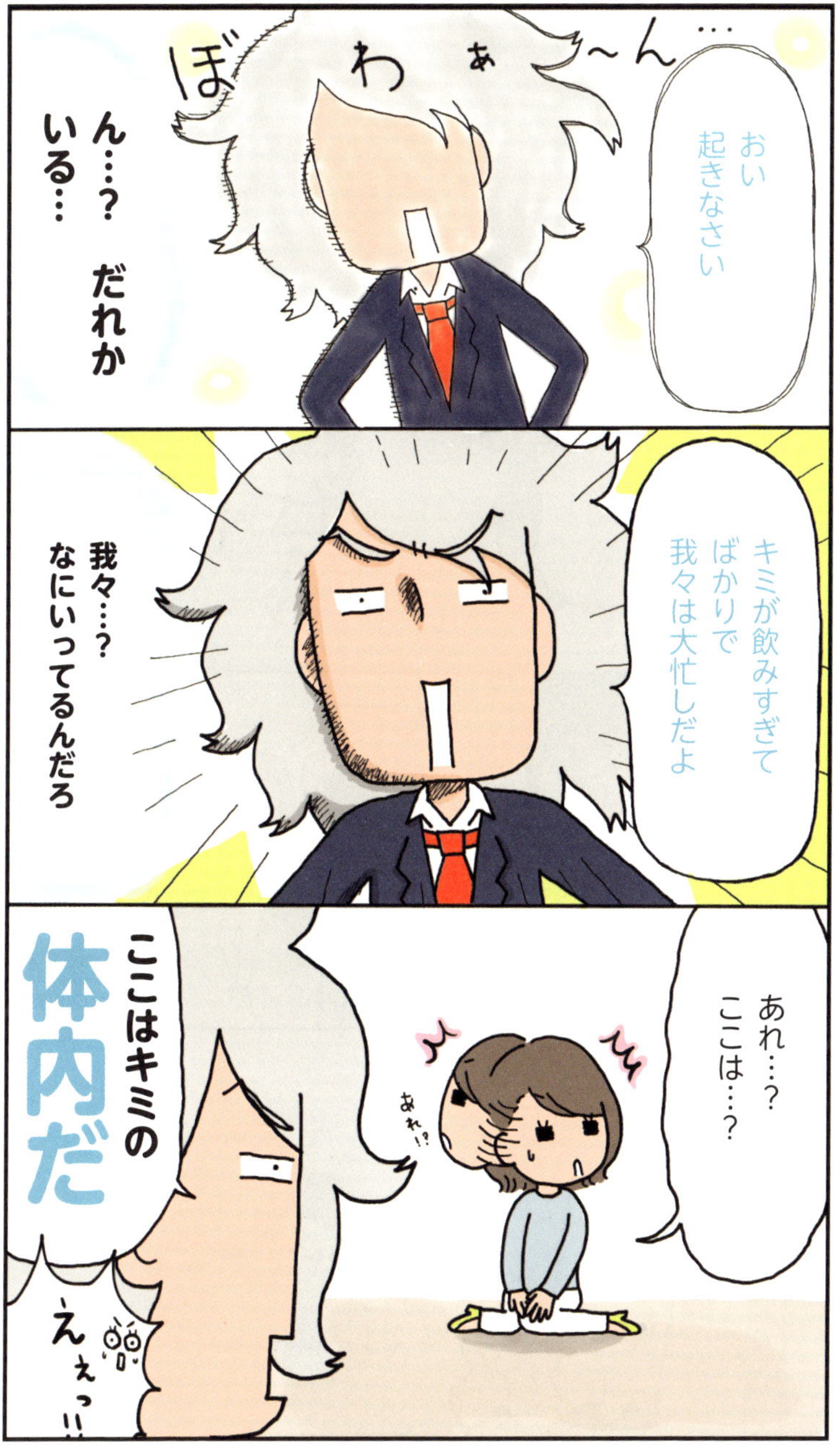
ぼわぁ～ん…
おい 起きなさい
ん…? だれかいる…
キミが飲みすぎてばかりで我々は大忙しだよ
我々…? なにいってるんだろ
あれ…? ここは…?
あれ!?
ここはキミの体内だ
ええっ!!

キミは自分のからだのことをもっとよく知るべきだ
…ついてきなさい
たったったったっ…
いいか ここでは
さまざまな細胞たちが
キミが生きるために
はたらいているんだ
赤血球は酸素を
運んでいるし…
ビックリした!
ビュンッ
たっ
たっ
たっ
O_2
血小板は破れた
血管を修復中だ
ホントだ!

なんかみんな忙しそう
だれのせいだと思ってるんだ
この肝細胞を見たまえ！キミが暴飲暴食をするから不要な物質の掃除がいつまでたっても終わらないんだ
！
アルコール
アルコール
ビリルビン
ビリルビン
キャーこれなにー!!
？
それはキミのからだの最小単位の…
キャー待ってー♡
って聞けー!!

はじめに

医者「鈴川さん…〝がん〟です」　鈴川「ガーン…」

ごめんよ。僕のからだ…いままでたくさんいじめてきて…もっと自分のからだをいたわってあげれば…よ…かっ……た………。

このようなとき、または、こうならないためにも〝自分のからだの勉強〟は欠かせないと思います。生まれてから死ぬまで、僕たちは自分のからだと付き合っていきます。本書を読むことで、もっと自分のからだと向き合い、自分のからだを大切にする方法を知っていただけると嬉しいです。

僕たちのからだは約37兆2000億個の細胞から構成されています。つまり、この地球上にいる人口（2019年現在77億人）の約5000倍もの数の細胞たちが僕たちのからだをつくり、かつ、つねに僕たちのためにはたらいてくれています。たとえば赤血球は約20兆個もあり、からだの細胞の半分以上を占めていて、血管のなかを新幹線と同じような速度（時速約２００㎞）で流れ、はたらいてくれています。すごいですよね。

本書では、そんな僕たちのからだのなかで、特に生活に身近な細胞たちをコミカル、かつ、わかりやすく、そして少しだけ専門的に紹介していきます。それぞれの細胞たちのはたらきはもちろん、細胞研究の進化など、ぜひ知っておいて欲しい情報もお伝えしていきます。

それでは、本書に登場するニューロンやセレナたちと一緒に自分のからだのなかを探検しながら、「自分の勉強」をしていきましょうね。

鈴川 茂

Contents

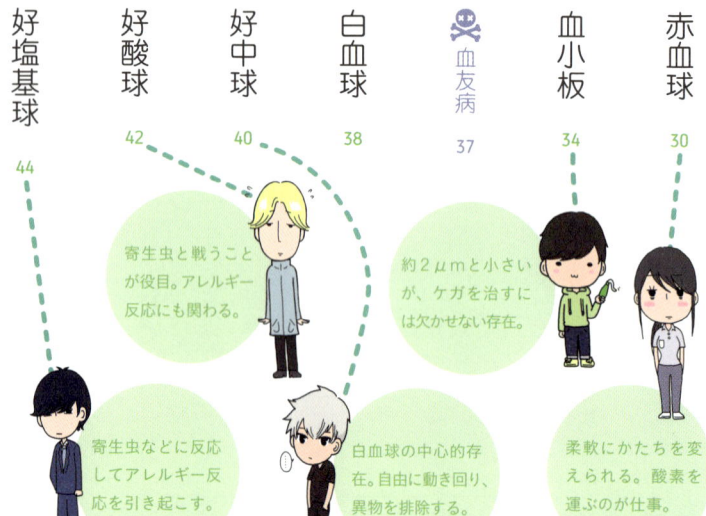

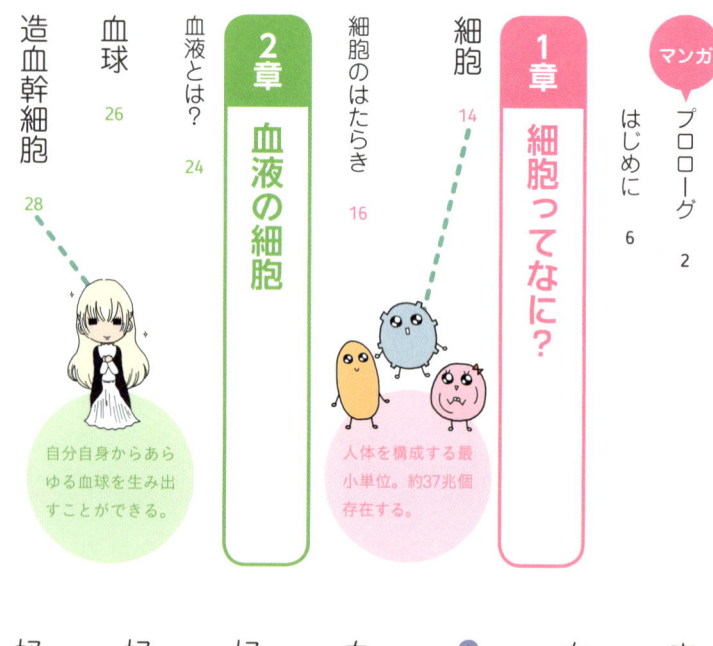

アレルギー反応の引き金を引く。肥満とは関係ない。

体内に侵入した異物を排除する能力がとても高い。

ほかの白血球たちに指示を出して動かすことが得意。

人間の免疫のシステムを担う。お互いが連絡をとりあう。

ほかの細胞から指令を受けずに、自ら異物を攻撃する。

抗体をつくり出すことによって、異物を攻撃する。

3章 脳と神経の細胞

目や耳などからの情報を脳や筋肉などに伝える。

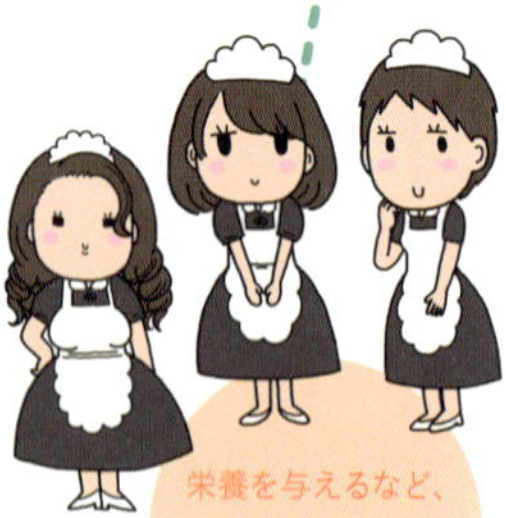

4章 骨や筋肉の細胞

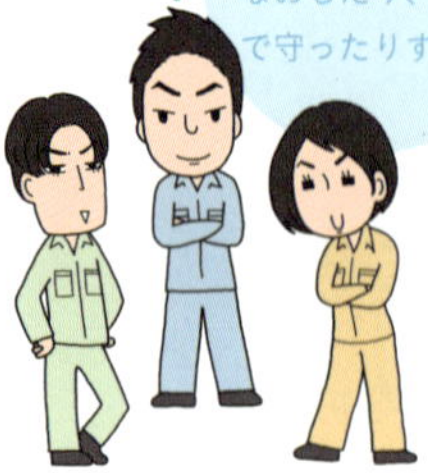

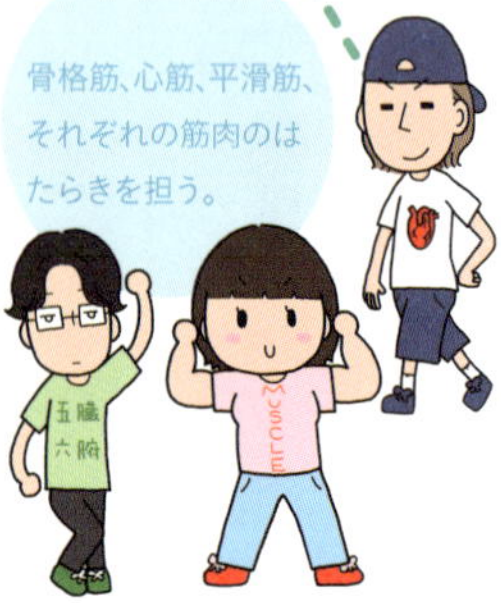

5章 内臓の細胞

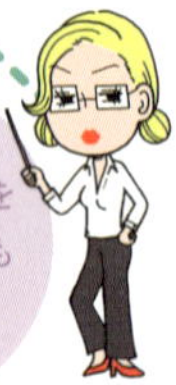

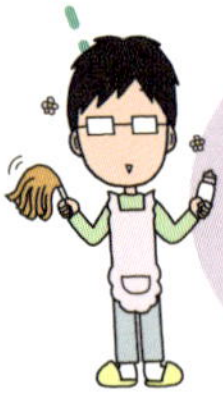

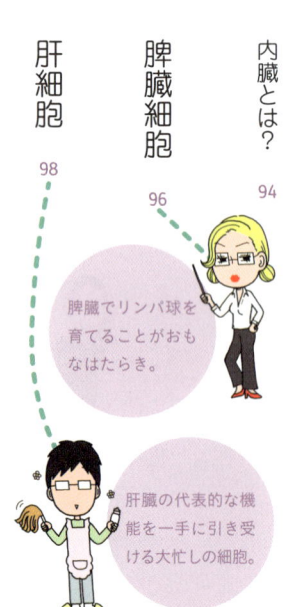

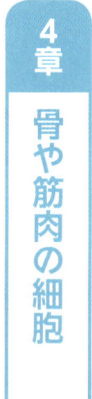

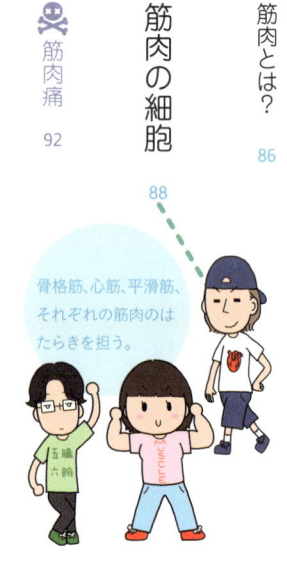

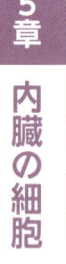

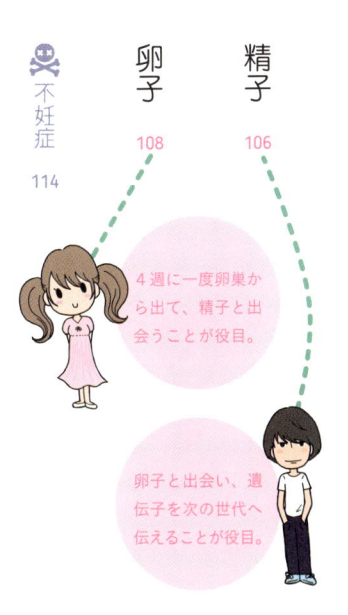

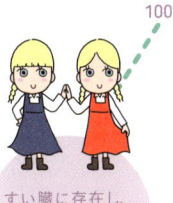

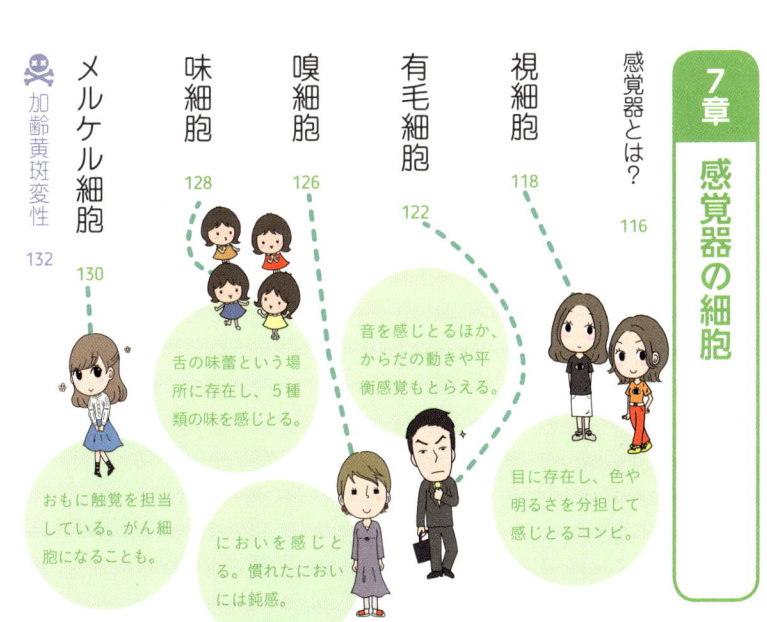

人体のほとんどの細胞になれるが、問題点もある。
ES細胞の問題をクリアしているが、未解明な部分も多い。
正常な細胞になるはずだったが、傷がつき姿を変えた。

キャラクター紹介

本書に登場するメインキャラクターの２人。

ニューロン

セレナの体内にいる細胞たちを率いる社長的存在。セレナに体内の細胞たちを案内する。

セレナ

お酒が好きな20代の女性。自由奔放で気まぐれな性格だが、まじめな一面も…。

・本書は、からだのしくみや病気について、基本的な内容を一般の方にわかりやすく解説することを目的として編集いたしました。記載した病気の内容などは、必ずしもすべての方にあてはまるものではありません。気になる症状や病気については、必ず専門家に相談してください。

・本書の内容は、初版制作時の情報に基づいて編集しております。

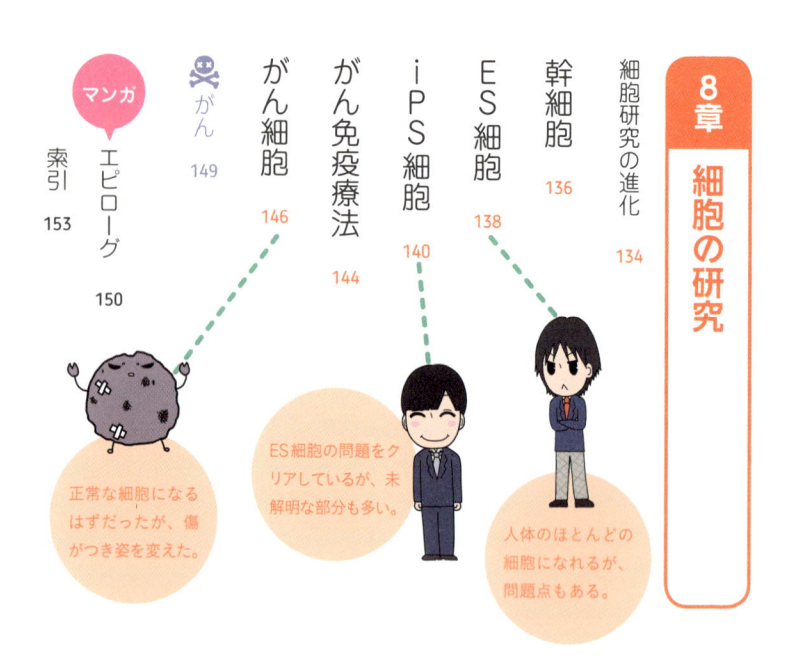

1章

細胞ってなに？

からだを構成する小さな小さな細胞には、さまざまなはたらきがある。まずは細胞そのものについて学んでいこう。人体のほとんどの機能は、細胞がもとになっているんだ。

CELL NO.1

細胞

生命の「最小単位」!

なんなの! このかわいい子ちゃんたち!
キミのからだを構成する細胞たちさ
なんてかわいいの…まぶしすぎる…
この子たちの集まりを個体といってね
ビシッ
そして私こそがキミという個体のトップに君臨す…
どうりで私がかわいいわけだ~!
………きいてない…
はぁ~~ん
かわいい…

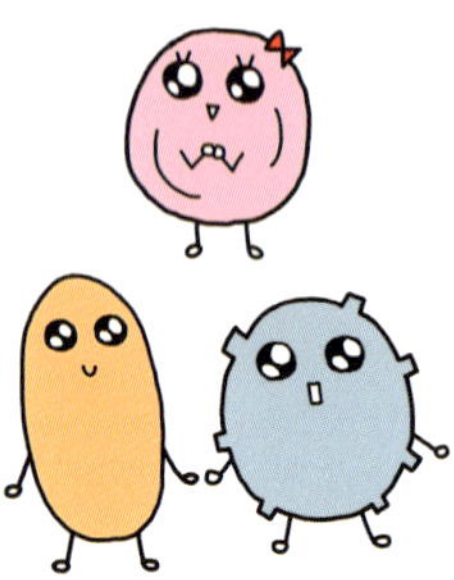

人間のからだを構成する最小単位。約37兆2000億個存在する。種類や大きさ、かたち、はたらきもさまざま。

すべての生き物のからだは細胞の集まり

生き物のからだは小さな部屋のようなものが数多く集まってかたちづくられていて、この部屋のようなものを**細胞**という。呼吸や運動、思考など、人間が行っているすべての活動を支えているんだ。

ひと口に細胞といっても、そのはたらきやかたち、大きさはさまざま。たとえば酸素を運ぶはたらきをする**赤血球**（⬇P.30）は、中央が凹んだかたちをしていて、肉眼では確認できない7～8μm（※1）ほどの大きさだ。情報を伝える**ニューロン**（⬇P.68）は細長い突起を持ち、なんと1メートルを超えるものもある。命のもととなる**卵子**（⬇P.108）は直径200μm（0.2㎜）と、肉眼でも確認できる。

そんな細胞たちは集まってまず組織となり、いくつかの組織を組み合わせたものが心臓や肺といった器官になる。さらに共通の機能を持った器官が呼吸器系や循環器系といったまとまりになり、それらがそろうとヒト、つまり個体となる。細胞はひとことでいうと**生き物を構成する最小単位**なんだ。

細胞はほとんど目には見えない小さな存在だが、人間のからだを成り立たせている。人間がさまざまな活動をしながら生命を維持していけるのは細胞のおかげなんだ。

コラム

細胞分裂

文字通り、1つの細胞が分裂して2つの細胞になること。人間のからだのもとは受精卵というひとつの細胞。これが1つから2つ、2つから4つと細胞分裂を繰り返していき、やがてあらゆるからだの部位に変化して人間のかたちになるんだ。

(※1) 1マイクロメートル（μm）は0.001ミリメートル

細胞のはたらき

基本的なはたらき

❶エネルギーを生み出す

生命活動に必要なエネルギー(ATP)を生み出す。

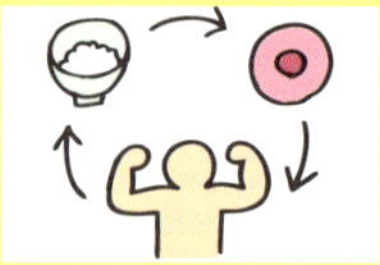

❷細胞の内側と外側を分け、からだ全体を健康に保つ

細胞膜によって細胞の内側と外側を分け、細胞内の環境を一定に保つ。

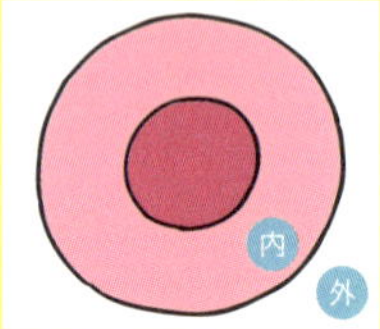

❸分裂して増殖する

生命を維持したり、遺伝情報を伝えて種を保存したりする。

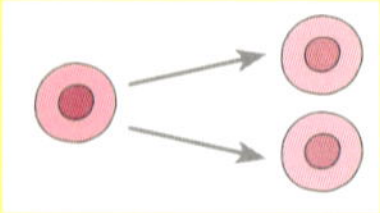

基本的には大きく3つ

人体の細胞が持っているはたらきには、多くの細胞が持っている基本的なものと、特定の細胞だけが持っている専門的なものとがある。

基本的なはたらきは大きく3つ。1つ目は、**人間が活動するためのエネルギーを生み出すはたらき**だ。摂取した食べ物などの栄養源を消化・吸収し、細胞内の**ミトコンドリア**(➡P.20)などによって、実際に使えるエネルギーへと変えるんだ。特に内臓の細胞(➡P.93〜101)は、消化・吸収が得意だよ。

専門的なはたらき

❶特定の物質を運搬する
酸素などの生命に必要な物質を、全身やからだの一部に運ぶ。
(例) 赤血球 (➡P.30) など

❷侵入した異物と戦う
体内に侵入した細菌やウイルスなどの異物と戦い、排除する。
(例) 白血球 (➡P.38) など

❸情報を伝達する
感覚器などが得た情報を脳に伝え、脳からの指令を全身に伝える。
(例) ニューロン (➡P.68) など

❹ほかの細胞を保護する
周囲の細胞を保護したり、それが壊れたときに修復したりする。
(例) グリア細胞 (➡P.74) など

❺特定の器官を動かす
自らが伸縮し、出した力によって筋肉などの特定の器官を動かす。
(例) 筋肉の細胞 (➡P.88) など

❻刺激を感じる
光や音、におい、味などを情報として感じとる。
(例) 視細胞 (➡P.118) など

2つ目は、**細胞膜**（⬇P.20）によって**細胞の内側と細胞の外側を区切り、からだ全体を健康に保つはたらき**。性質の異なる細胞の内側と外側を分け、細胞内の環境を一定に保つことによって、細胞は安定して活動できる。これにより、人間の健康が保たれるんだ。

3つ目は、**遺伝子の情報をコピーして分裂し、増殖するはたらき**。人間のからだが子どもから大人へと大きくなったり、生命を維持したり、また、親から子へ遺伝情報が伝わったりするのは、このはたらきによるもの。

一方、専門的なはたらきは、酸素など特定の物質を運んだり、細菌やウイルスなど侵入した異物と戦ったり、目や耳などからの情報を脳に伝えたりなど、細胞によってさまざまなんだ。

細胞の中身

細胞のなかには、核やミトコンドリアといった細胞小器官がある。細胞小器官とは、細胞のなかにある、特定の役割やかたちを持つもののこと。

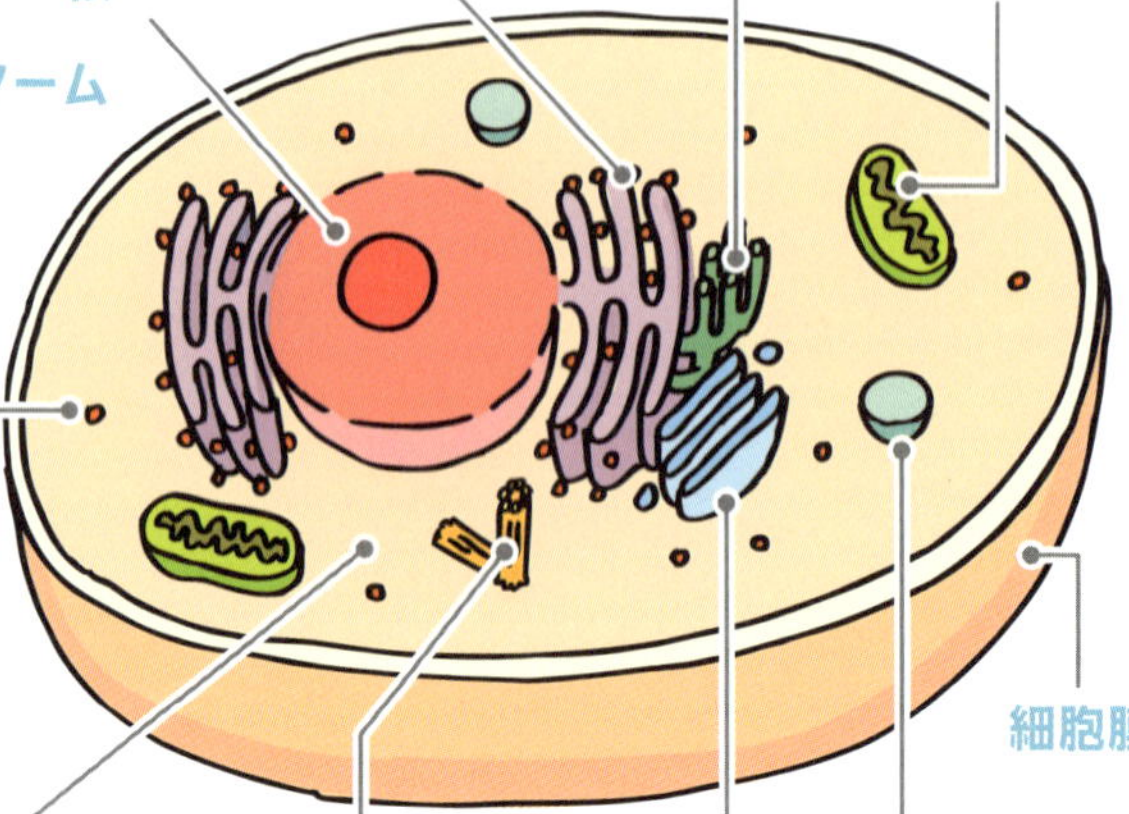

小胞体
（粗面小胞体）➡P.21
小胞体
（滑面小胞体）➡P.21
ミトコンドリア
➡P.20
核 ➡P.19
リボソーム
➡P.21
細胞膜 ➡P.20
細胞質基質 ➡P.19
中心体 ➡P.22
リソソーム ➡P.22
ゴルジ体 ➡P.21

コラム　細菌とウイルスの違い

細菌とウイルスは、似ているようでまったく異なる存在なんだ。ウイルスは細菌と違って細胞を持たない。そのため自分自身で増殖できず、宿主に寄生することで増殖するんだ。ウイルスは、まるで生物のようにふるまうけれど生物にはない特徴を持つため、“生物と無生物の中間的な存在”と考えられているよ。

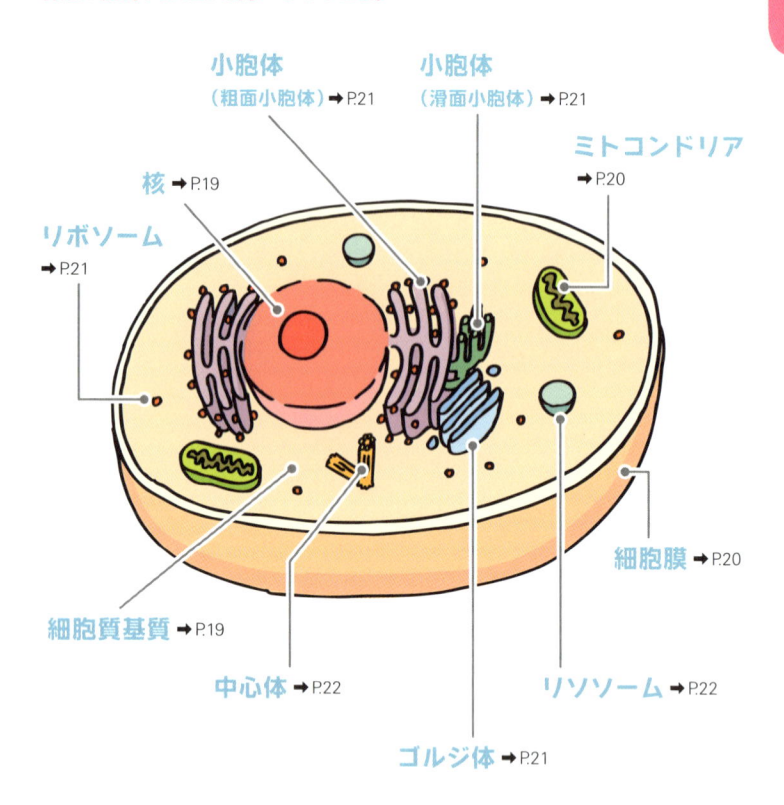

核

核は、遺伝情報であり、人体の設計図とも呼ばれる**DNA**(デオキシリボ核酸)を貯蔵している場所だ。DNAは染色体のなかにつめ込まれており、その遺伝情報は**細胞質**へ伝えられる。

核のなかにはほかにも、**リボソーム**(➡P.21)をつくる**核小体**、核と細胞質を隔て、物質の出入りの調節をする**核膜**がある。

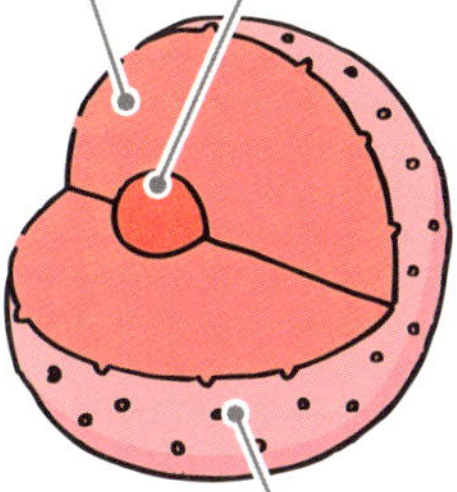

DNA

「遺伝子」と呼ばれるもので、親から子へと伝わる。遺伝情報は、DNAの塩基配列というかたちで細胞内に保持されている。

細胞質基質

細胞質基質は細胞のなかに満たされている液体のことで、細胞内の細胞小器官以外のことを指す。細胞質基質には、タンパク質や糖などが溶け込んでいて、ここに核などの細胞小器官が存在しているんだ。

ちなみに、細胞質基質は細胞のなかをつねに流れるように動き続けている。この現象のことを**細胞質流動**というよ。

細胞質

細胞膜(➡P.20)を含む、細胞のなかの核以外の部分のこと。細胞は大きく分けて核と細胞質でできているよ。

細胞膜

細胞膜は細胞を包む膜のこと。細胞の内側と外側とを分け、物質のやりとりなどを行う。細胞内の環境を一定に保つために、細胞にとって良い物質は入れて悪い物質は出すんだ。

細胞膜の多くは8~10nm(※1)ほどの厚さでできており、物質のやりとりに重要な**リン脂質**という物質と、タンパク質が組み合わさってできている。

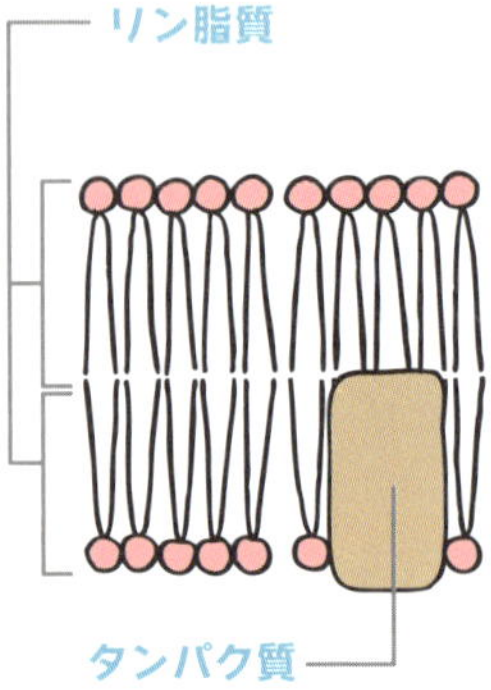

リン脂質

リン脂質には水に溶けやすい部分と、水に溶けにくい部分とがある。前者を細胞の外側、後者を内側にして並んでいる。

ミトコンドリア

ミトコンドリアは、**ATP**と呼ばれる人間が活動をする際に必要なエネルギーをつくる役割を持つ。呼吸で得た酸素を使って栄養を燃焼し、実際に使えるエネルギーとなるATPをつくり出すんだ。

内膜は、表面積を広げるためにひだひだになっていて、この構造を**クリステ**というよ。これがATPづくりの効率を高めているんだ。

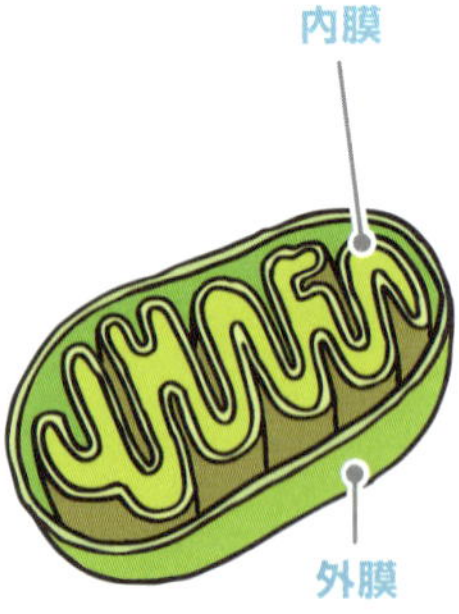

ATP

アデノシン三リン酸という物質。エネルギーとして全身の細胞で使われる。「エネルギーの通貨」とも呼ばれている。

(※1)1ナノメートル(nm)は0.001マイクロメートル

小胞体

小胞体はいろんな物質をつくって運ぶ役割を担い、**滑面《かつめん》小胞体**と**粗面《そめん》小胞体**に分けられる。

滑面小胞体は糖や脂質など、タンパク質以外の物質をつくる場所。タンパク質をつくるのは粗面小胞体にくっついている**リボソーム**。そして粗面小胞体は、リボソームや滑面小胞体がつくる物質を運ぶ通路なんだ。

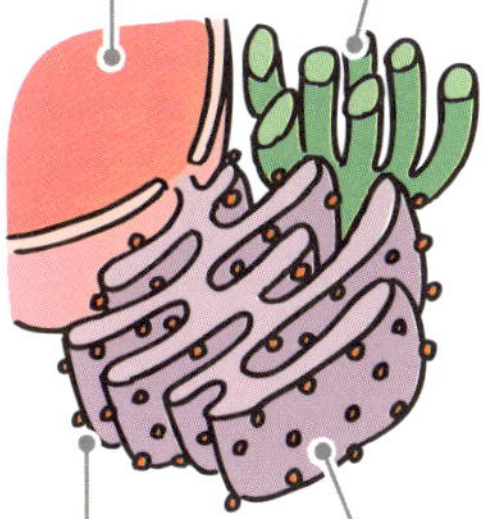

核
滑面小胞体
リボソーム
粗面小胞体

リボソーム

細胞質基質のなかに浮いていたり、粗面小胞体にくっついていたりするつぶつぶ。タンパク質をつくっている。

ゴルジ体

ゴルジ体はタンパク質などを運ぶのに大きく関わっている。**小胞体**からタンパク質を受けとり、加工（糖を付加など）して、ほかの細胞小器官や細胞の外へ運ぶんだ。

ゴルジ体は1枚の膜でできた袋状のもの（**ゴルジのう**）が積み重なってできており、物質が運ばれる通路が、まわりにある**ゴルジ小胞**だ。

ゴルジ小胞
ゴルジのう

タンパク質

ゴルジ体が輸送するタンパク質のひとつに、血糖値を調整するホルモン（➡P.101）がある。

中心体

中心体は、細胞が細胞分裂を行うときに重要なはたらきをする細胞小器官で、核の近くにある。2個1組の**中心粒**（**微小管**の集まり）が直角に交わって、L字形に配置された構造をしている。
細胞が分裂をはじめる時期になると、中心体は2つにポキリと分かれて細胞の両端に移動し、分裂の中心となる存在になるんだ。

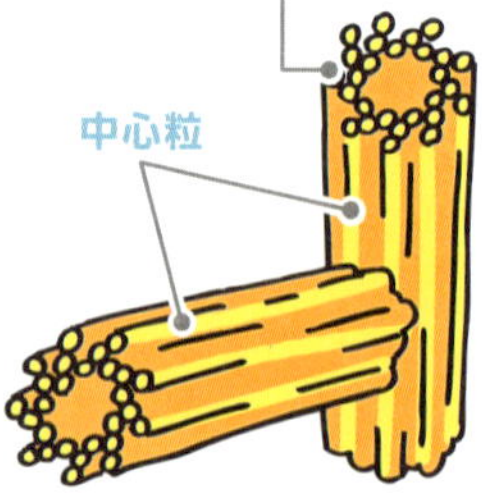

微小管

細胞小器官の移動やタンパク質などの物質が運ばれる際の、レールのような役割を果たす。これが集まったものが中心粒。

リソソーム

リソソームは**加水分解酵素**という強力な酵素を多く含み、不要となったタンパク質や脂質などの物質を分解する役割を持つ。
白血球（➡P.38）など異物を排除するはたらきをする細胞のなかにたくさん存在していて、細胞のなかだけでなく外からとり込んだ物質も分解する役割があるんだ。

加水分解酵素

物質が水に反応して分解が起きることを加水分解という。加水分解酵素とは、これを起こす助けをする酵素のこと。

2章

血液の細胞

全身を駆け巡り、酸素や栄養素などを運搬する血液。ここには傷口をふさいだり、体内に侵入した異物を排除したりと、驚きのはたらきを行う細胞たちが存在する！

血液とは？

全身を流れる**血液**には、さまざまな役割がある。酸素と二酸化炭素を交換したり、栄養やホルモンなどを運んだり、体温を調節したり、異物を排除したり、不要なものを回収したりといった仕事だ。それを果たしているのが、血液の液体成分である**血しょう**と、かたちを持っている有形成分である**血球**（➡P.26）と呼ばれる細胞たちだ。

血液のおよそ55％を占める血しょうは、ほとんどが水でできていて、栄養や血球を運ぶ役割を担っている。血球は大きく分けて3種類ある。血球のほとんどの割合を占める**赤血球**（➡P.30）と、**血小板**（➡P.34）および**白血球**（➡P.38）だ。赤血球は酸素の「運送屋さん」、血小板は血管の「修理屋さん」、白血球は異物と戦って排除する「掃除屋さん」たち、とイメージしてもらえるとわかりやすいだろう。

ちなみに血液の量は体重のおよそ8％を占めるといわれている。体重60kgの人間だと約5L、つまり2Lのペットボトル2本半がその人の血液量、という計算になるね。

CHECKPOINT

血しょう

血しょうとは、血液から血球を除いた淡い黄色の液体部分のことで、“プラズマ”とも呼ばれている。約90％が水、残りの7〜8％がタンパク質、2〜3％が電解質や脂質などでできている。電解質とは水に溶けると電気を通す物質のことで、この場合はカルシウムやナトリウムのことを指すよ。

血液の成分

血液は、液体成分である血しょうと、有形成分である赤血球、血小板、白血球の３つの血球からできている。

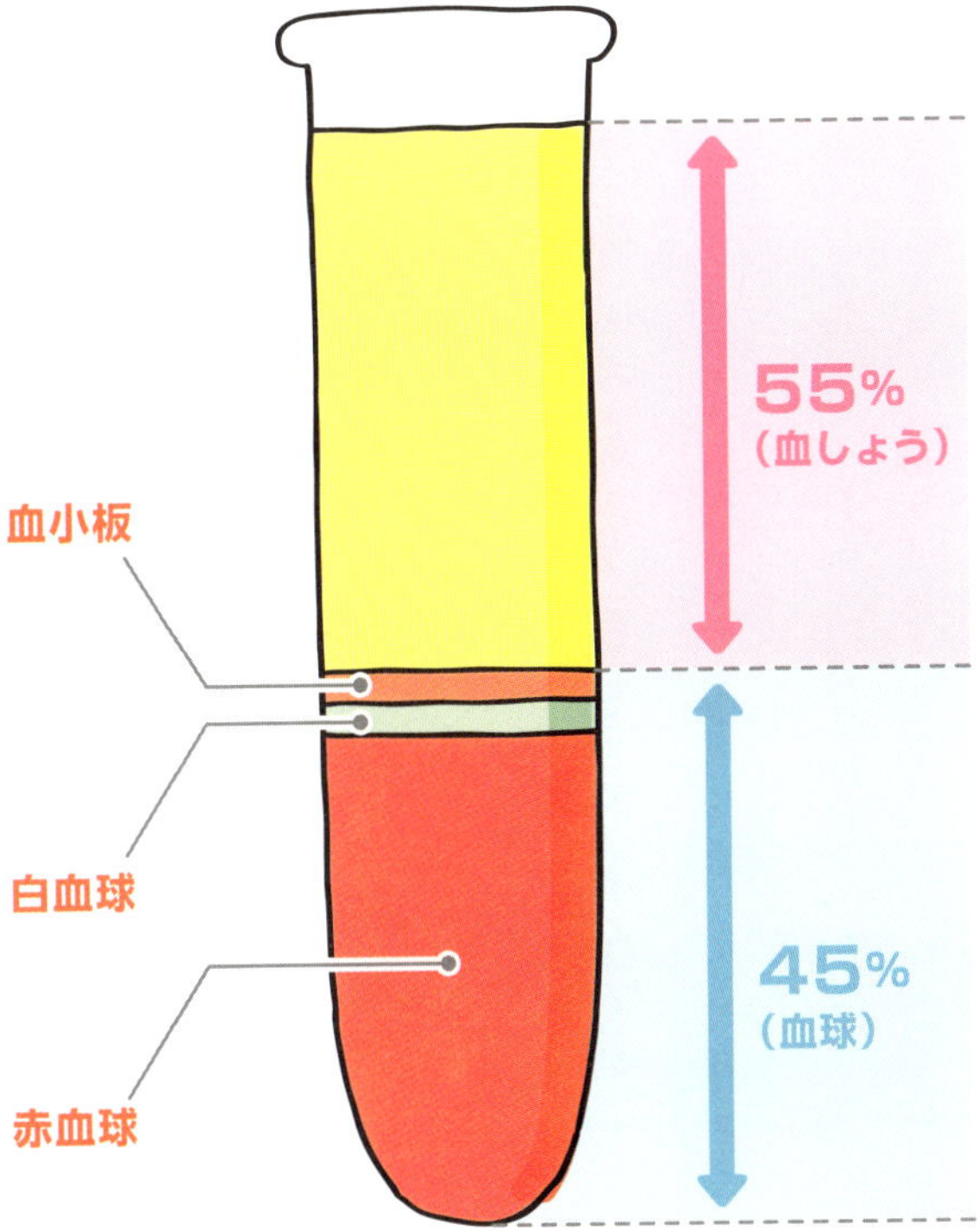

コラム

血液の色

血液が赤く見えるのは、赤い色をした赤血球の数が多いせい。赤血球は血液1μL(※1)になんと500万個以上も存在している！　ちなみに血小板は30万個、白血球は8000個程度だから、血球のほとんどが赤血球だということがわかるだろう。血液から赤血球をすべて除いたとすると、血液は薄い黄色をした透明の液体になるよ。

(※1) 1マイクロリットル（μL）は0.001ミリリットル

血球

生まれ故郷は同じ場所？

血液の45％を占める**血球**。**赤血球**、**血小板**、**白血球**の3種類のうち、白血球はさらに**顆粒球**《かりゅうきゅう》、**単球**《たんきゅう》、**リンパ球**に分けられる。これらはそれぞれ違った役割を持っているけれど、実は同じ場所、同じ細胞から生まれたんだ。

すべての血球は骨のなかにある**骨髄**という場所で、**造血幹細胞**（⬇P.28）という細胞から生まれる。造血幹細胞は**分化**というはたらきによって、さまざまな血球を生み出せるんだ。分化とは、ある細胞が特定の役割を持った別の細胞に変化すること。つまり血球は、もともとはみんな造血幹細胞という1種類の細胞だったんだ。

ちなみに造血幹細胞はいきなり赤血球や白血球になるのではなく、いくつかの段階を経て階層的に分化をしていく。これらは基本的に骨髄で行われるが、リンパ球の1種である**T細胞**（⬇P.54）への最終的な分化だけは、胸腺（※1）という場所で行われるよ。

CHECKPOINT

骨髄

骨髄は骨の内部を埋める組織であり、ここにはさまざまな分化の段階である造血幹細胞が存在する。血液をつくることを「造血」というが、これがさかんに行われていればいるほど骨髄は赤色にみえる。老化で造血の勢いが衰えると、骨髄の赤色の割合は減る。歳をとるとともに次第に黄色っぽくなっていくんだ。

（※1）心臓の前のあたりにある器官。T細胞への分化をうながすはたらきをする

血球の分化

あらゆる血球は、すべて造血幹細胞が分化することによってつくられるよ。

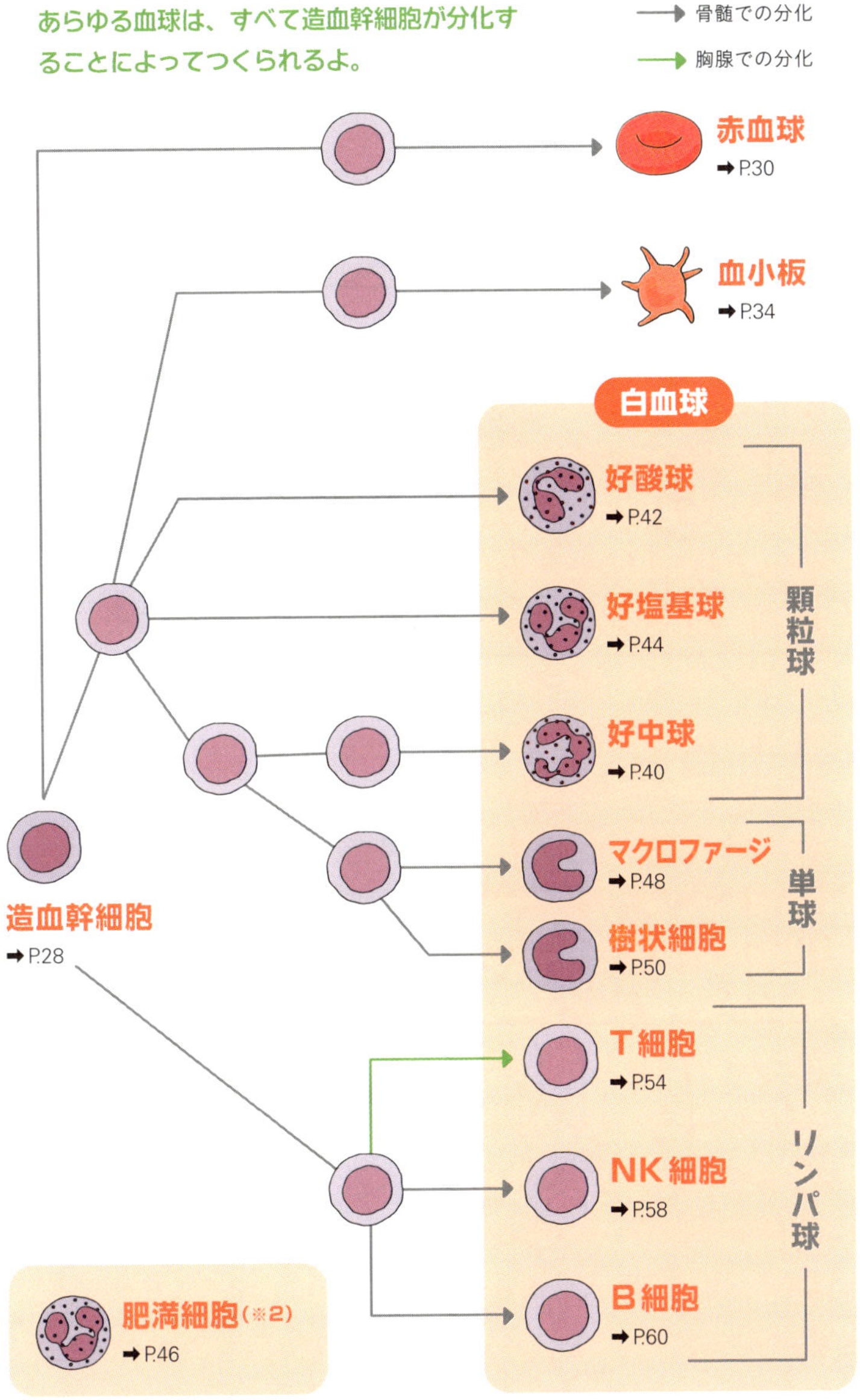

骨髄での分化
胸腺での分化
赤血球
➡P.30
血小板
➡P.34
白血球
好酸球
➡P.42
好塩基球
➡P.44
好中球
➡P.40
顆粒球
マクロファージ
➡P.48
樹状細胞
➡P.50
単球
T細胞
➡P.54
NK細胞
➡P.58
B細胞
➡P.60
リンパ球
造血幹細胞
➡P.28
肥満細胞（※2）
➡P.46

（※2）肥満細胞の細かな分化のしくみはわかっていない

CELL NO.2

すべての血球の「母」！

造血幹細胞

分化によって自分自身を血球に変化させることができる。しかも寿命がなく、細胞分裂し続ける。

寿命がなく、血球をつくり続ける

造血幹細胞はその名の通り、血をつくる**幹細胞**（⬇P.136）だ。**分化**というほかの種類の細胞に変化するはたらきで、**赤血球**や**血小板**、**白血球**といったすべての**血球**（⬇P.26）をつくり出している。ほかのあらゆる細胞も、細胞分裂によって自分と同じ種類の細胞を増やすはたらきをしている。でも、造血幹細胞は細胞分裂を行いながらも、さらに分化をしてさまざまな血球に変化しているんだ。血液界を支える「母」ともいえる存在だね。

そしてさらにすごいのが、造血幹細胞はほかの細胞と比べて細胞分裂をする能力がとても高いということ。だいたいの細胞は細胞分裂ができる回数が決まっていて、それが終わると死んでしまうのだが、造血幹細胞にはその制限がない。つまり造血幹細胞には寿命がないんだ。

多少能力が衰えることがあっても、人間が生きている間、ずっと細胞分裂と分化を繰り返している。

造血幹細胞がいてくれるおかげで、人間のからだには生命を維持する血液が流れ続けてくれるわけだ。本当に偉大な存在だね！

CHECKPOINT

造血幹移植

正常な血液をつくることが困難になった、白血病や再生不良貧血などの患者に造血幹細胞を移植して、正常な血液をつくることができるようにする治療のこと。白血病の治療法として有名な骨髄移植は、造血幹細胞が含まれる骨髄液を提供者（ドナー）から患者に移植するものなんだ。

私なんて
どうせ20兆分の1…
代わりなんていくらでも
ズーン
？
ブツ
ブツ
これあげるから
がんばって！
グルコース
!?
そんなんで
喜ぶの…？
……
めちゃくちゃ
喜んでる！
顔ま、赤にして！
ちちが…
ヘモグロビンの
せいだもん！
もぐもぐ

CELL NO.3

赤血球

酸素を運ぶ「運送屋」！

中央が凹んだかたちをしていて、柔軟にそのかたちを変えることができる。全身に酸素を運ぶのが仕事。

特徴的なかたちは酸素を効率よく運ぶため

人体を構成する細胞のなかで最も数が多いのが**赤血球**。人体の細胞は全部で約37兆個あるといわれているけれど、そのうち赤血球は約20兆個と、なんと半数以上を占めている！　そんな赤血球の仕事は、いわゆる「運送屋」。肺胞《はいほう》（※1）で得た酸素を抱えて全身に運ぶ役割をしているんだ。赤血球は、**グルコース**（ブドウ糖）をエネルギー源として、血液中をせっせと巡っている。さらに酸素をからだ中の組織まで運んだ赤血球は、そこで二酸化炭素を引きとり、からだの外へ出すために肺胞へと運んでもいるんだ。ちなみに赤血球が赤く見えるのは、**ヘモグロビン**という物質のせい。ヘモグロビンには、酸素と結びつくと鮮やかな赤色になる性質があるんだ。

赤血球のかたちはとても特徴的で、中央が凹んだ円形のクッションのよう。そして**核**（⬇P.19）がなく、それどころか、**ミトコンドリア**（⬇P.20）や**リボソーム**（⬇P.21）すらも持っていない。なぜなら狭い毛細血管を通ってからだのすみずみまで酸素を運ぶためには、かたちを柔軟に変える必要があるから。赤血球は自らエネルギーをつくることや遺伝情報を伝えることもあきらめ、仕事をまっとうすることを選んだ、相当なはたらきものなんだ。

CHECKPOINT

ヘモグロビン

ヘモグロビンは酸素の多いところでは酸素とくっつき、少ないところでは酸素を放す性質がある。酸素の多い肺で酸素とくっつき、酸素の少ないからだ中の組織まで運んで、そこで酸素を放す。赤血球の酸素を運ぶはたらきは、このヘモグロビンの性質によるものなんだ。

（※1）肺のなかにある、酸素と二酸化炭素を交換する場所

赤血球のかたち

核を持たない赤血球は、少し特殊なかたちをしている。これによってあらゆる血管を走り回り、全身に酸素を運ぶことができるんだ。

直径約7.5μm

この直径がほかの細胞の大きさの基準になるよ。たとえば、ある細胞の長さが赤血球の2倍あれば、その細胞の長さは約15μmと計算されるんだ。

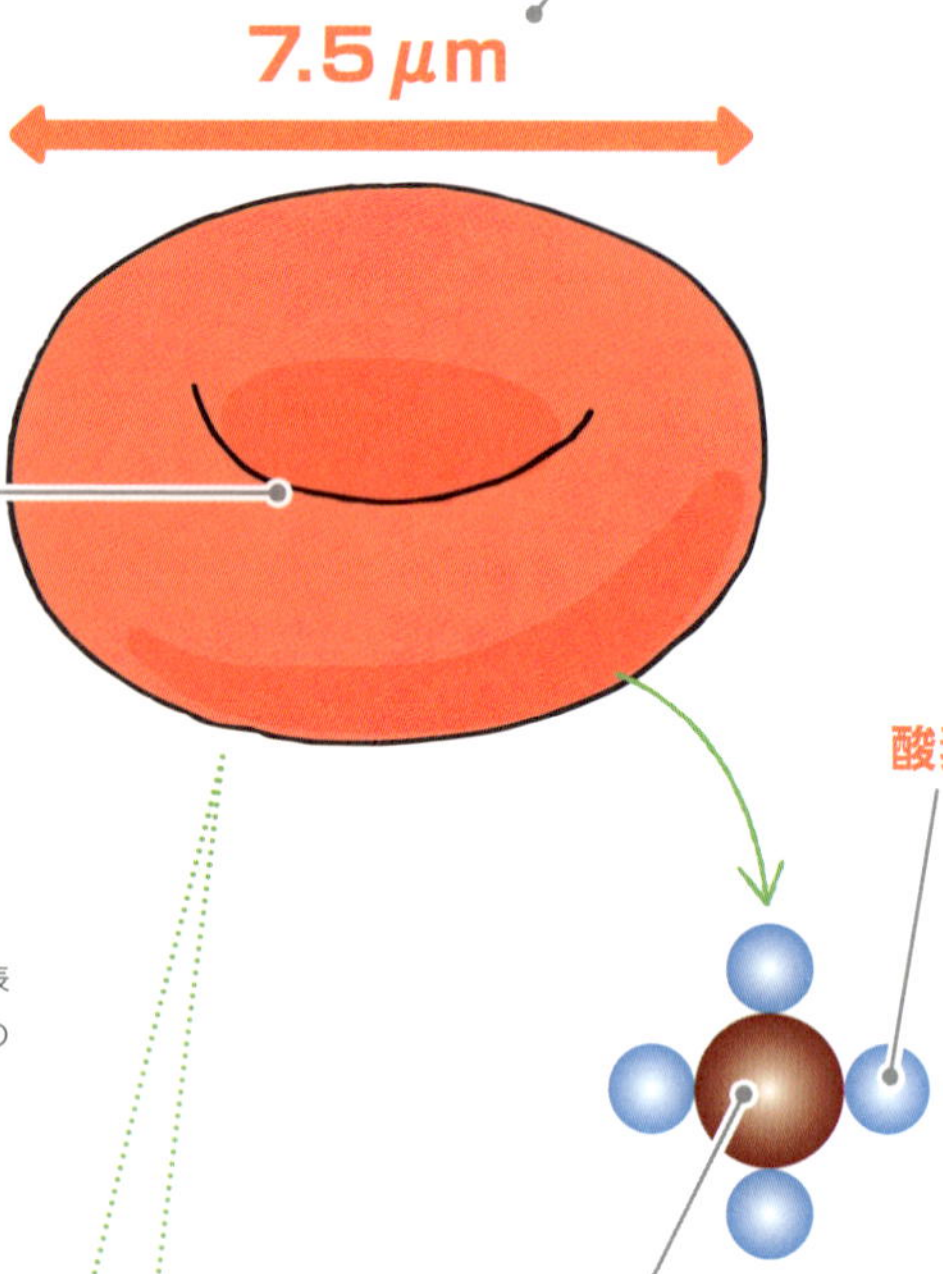

酸素

中央の凹み

中央がへこんでいて表面積が大きく、酸素のやりとりに好都合だ。

ヘモグロビン

鉄分が結合したタンパク質。ヘムと呼ばれる赤い色素を持つ。

変形

中央がへこんでいるかたちは変形がしやすい。折れ曲がることによって自分の直径よりも細い血管のなかでも、かたちを柔軟に変えて通過することができるんだ。

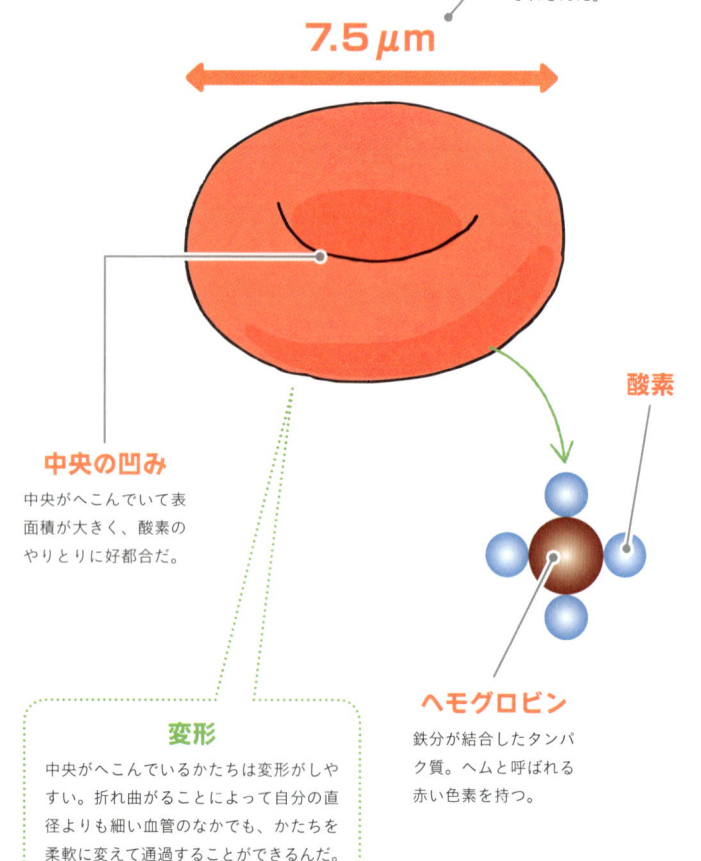

赤血球の通り道（血液循環）

心臓から押し出された血液は、動脈を通って全身に流れる。赤血球は、毛細血管などで酸素・二酸化炭素のやりとりをして、静脈を通って心臓へと戻るよ。

動脈

心臓から血液を送り出す血管。

静脈

心臓へと血液を戻していく血管。

…酸素を多く含む血液

…二酸化炭素を多く含む血液

…毛細血管

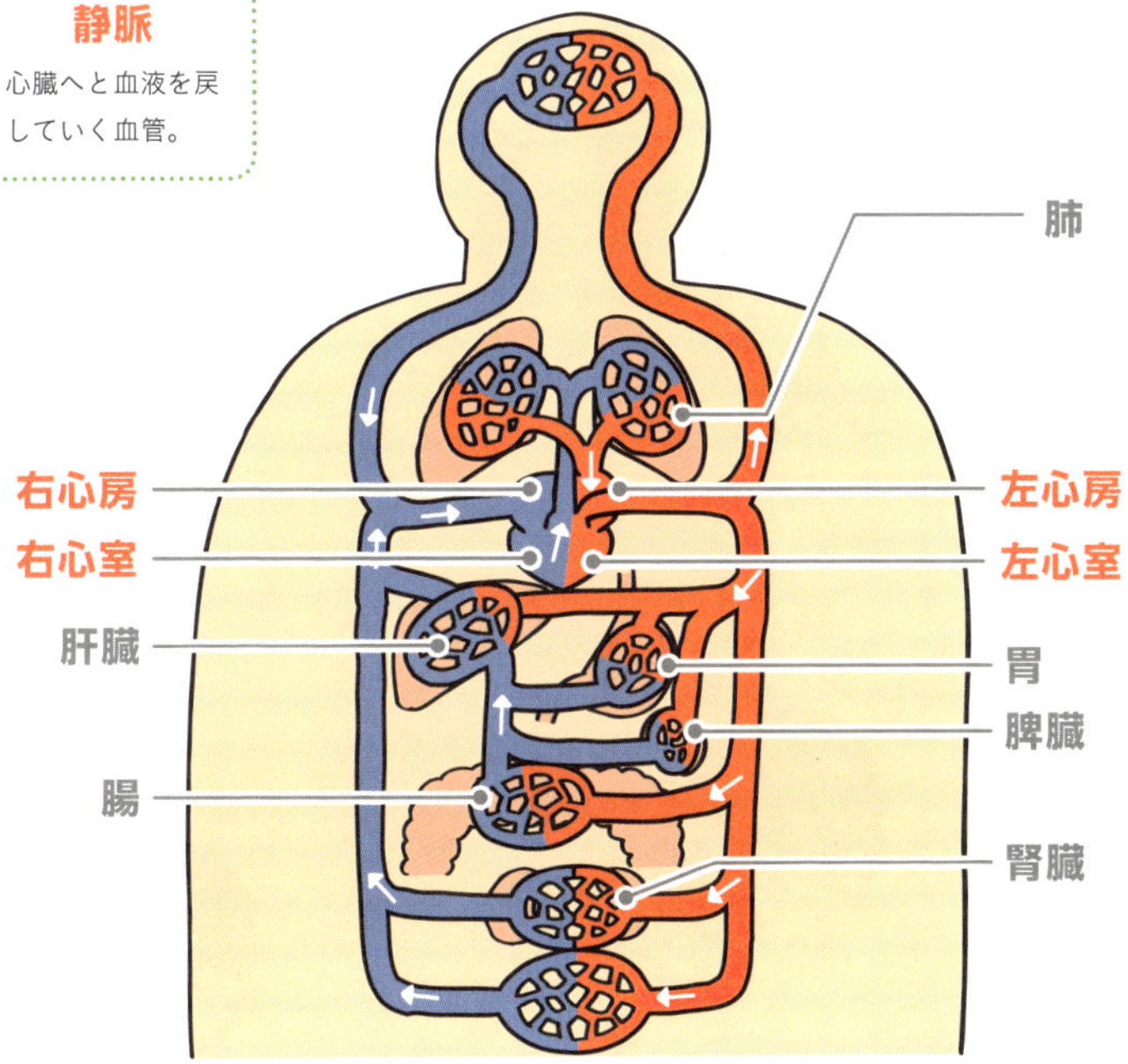

コラム 血管

人体のなかを張り巡る血管は、すべてをつなぎ合わせると約10万kmにもなる。この距離は、地球を2周半もしてしまうほどの長さなんだ。血管には大きく、動脈、静脈、毛細血管の3種類あり、毛細血管は赤血球がやっと通れるほどの細さだ。血液は心臓から1分間に5Lほど送り出され、平均約1分という速さで全身を一周するよ。

CELL NO.4

血小板

血管を修復する「修理屋」！

ねぇ！見て！
ボクが血管の傷を
治したんだよ！
？
え 大丈夫!?
ねちゃ
あれでフタを
して 傷口を
塞ぐんだ
へー
血小板
すごいじゃん！
ギュッ
えへへ ボク
セレナ
大好き！
カ…
カワイイ!!
一生遊んでくれる
よね？…ねぇ
セレナお姉ちゃん…
うっ…
すごい粘着力…
一生といっても
7～10日
だけどね
えっ
短い!!

およそ2μmと小さいが、ケガを治すには欠かせない大きな存在。外傷を見つけるとすぐにわらわらと集まってくる。

かさぶたをつくって止血を行う

赤血球（➡P.30）や**白血球**（➡P.38）と比べると小さいけれど、からだのなかでは「修理屋」として一目置かれている能力を持つのが**血小板**。治すのはおもにすり傷や切り傷。ケガをして血管が破れると駆けつけて、血液を固めるはたらきをする。つまり血小板がいなければ血は止まらないんだ！

しかも、その仕事は実に丁寧。はじめに急いで集まり、血を固め、傷口にフタをする。ただし、これだけでは血は完全に止まらない。その後、血小板は**フィブリン**（※1）という、接着剤のような血を固める物質によってさらにフタをする。これに赤血球や白血球が引っかかって大きなかたまりになり、血管が修復されるんだ。傷口が乾くとかさぶたができるね。あれがまさに血小板がつくったフタなんだ。かさぶたの下では**マクロファージ**（➡P.48）が死んだ細胞を掃除するなどして、徐々に新しい組織がつくられているよ。

さて、こんな優秀な修理屋さんだけど、悲しいことにとても命が短い。だいたい7～10日すると自分の役目を終えて、あの世に旅立ってしまうんだ。ただし、そのあとも新しい血小板が次々と生まれていき、その仕事を引き継ぐことになるよ。

コラム

かさぶた

止血が終わるまでの間、血液は少しずつからだの外へとにじみ出ていく。にじみ出た血液にも血小板がはたらき、かたまっていく。このようにからだの外で外傷にくっついて血栓をつくったものが、かさぶたの正体だ。かさぶたが暗赤色なのは、フィブリンに捕らえられた赤血球が乾いたものが見えているからだよ。

(※1) 凝固因子と呼ばれる物質と血小板が集まってつくられたタンパク質

止血の流れ

ケガをすると、血小板は傷口に集まって、血液を固めるのに重要なフィブリンをつくって強力なフタ（血栓）をする。

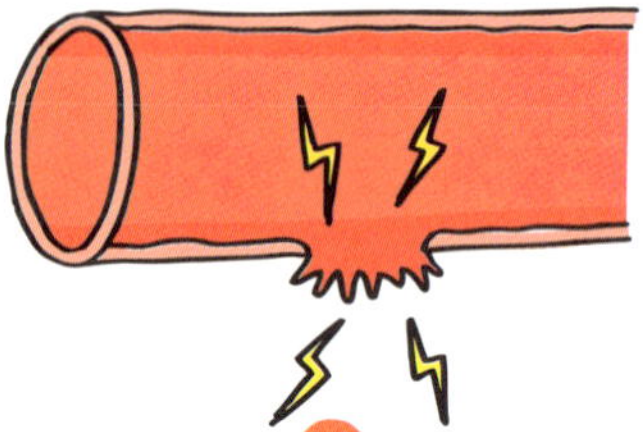

1

血管の破裂

ケガによって血管が破れ、これによって出血が生じる。

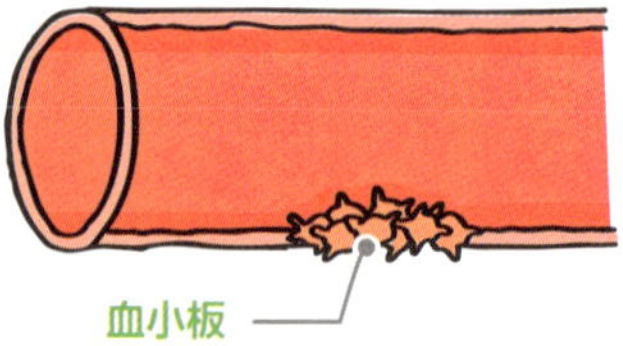

2

一次止血

血小板が集まってくっつき、血栓(一次血栓)をつくってフタをする。

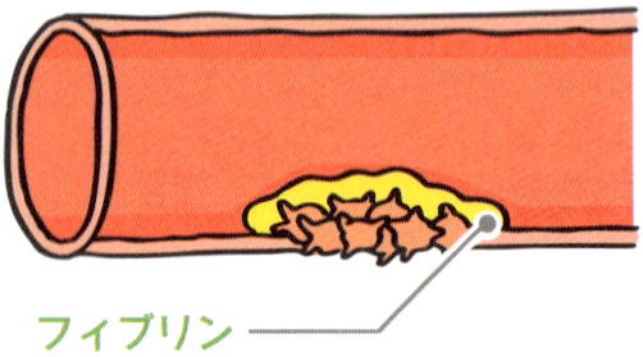

3

二次止血

フィブリンをつくって❷をおおい、さらに血栓(二次血栓)でフタをする。

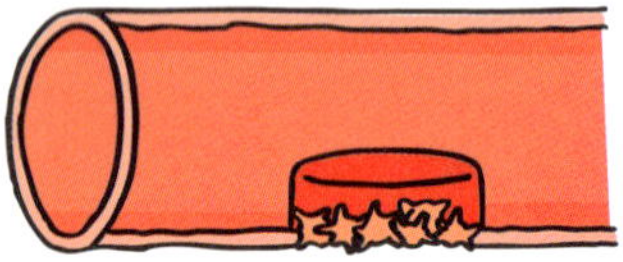

4

止血完了！

❸にさらに赤血球や白血球がくっつき、傷が完全にふさがる。

CHECKPOINT

一次止血と二次止血

一次止血では、傷口に血小板がたくさん集まって、お互いにくっつきあうことで止血が行われる。このとき、血小板が血管にくっつくことを「粘着」、止血に役立つ物質を出すことを「放出」、血小板同士が互いにくっつくことを「凝集」と呼ぶんだ。また、二次止血は「血液凝固反応」とも呼ばれているよ。

血友病

vol. 1

イギリス王室を悩ませた！ 血が止まりにくくなる病気

血友病とは、簡単にいうと血が止まりにくくなる病気のこと。軽くぶつけただけであざができたり、小さな傷で大出血を起こし、命の危険が生じたりする場合がある。おもに遺伝が原因で生じる病気で、19世紀に活躍したイギリスのビクトリア女王が血友病の遺伝子を持っていたため、その子孫は何人も血友病にかかっている。ところが！ 実はビクトリア女王自身は血友病患者ではない。遺伝子の関係で、血友病患者の99％以上は男性で、女性の患者はほとんどいないんだ。ビクトリア女王のように、発症はしていなくても、血友病の遺伝子を持っている女性はたくさんいるんだ。

血友病は、血液を固める「血《けつ》液《えき》凝《ぎょう》固《こ》因《いん》子《し》」という成分のどれかが欠けてしまっていることで起こる。そのため、足りない成分を投与することによる治療が効果的だ。たとえば激しい運動を行う予定があるときなど、出血するリスクの高まる前や、あるいは定期的に血液凝固因子を点滴することで出血を予防する方法や、出血したあとに、血液凝固因子を含む薬を投与して補充する方法などがあるよ。

白血球

さまざまな手法でさまざまな異物と戦う

白血球は、おおまかにいえばからだのなかに侵入してきた細菌やウイルスなどの異物を排除し、感染症などを防ぐ**免疫のはたらき**（⬇P.52）をする細胞のこと。実は「白血球」とは、「血球のうち赤血球と血小板をのぞく細胞」という意味で、特定の細胞名ではない。白血球は大きく**顆粒球**、**単球**、**リンパ球**の3つに分けられ、そこにもさまざまな種類が存在しているんだ。種類によって戦う相手や戦い方も異なるよ。

白血球はからだのなかに侵入した異物を発見すると、**サイトカイン**（⬇P.43）というコミュニケーションツールを使って、白血球同士で協力し合って免疫のはたらきを行う。異物が侵入したことを連絡して仲間を呼び寄せたり、あるいは異物のなかから**抗原**《こうげん》という物質をとり出して、その情報をやりとりすることによって、異物の種類や特徴に対して適切な攻撃を行ったりするんだ。

CHECKPOINT

異物

体内に本来あるべきでないもののことを異物と呼ぶ。白血球が排除する異物として、細菌やウイルス、がん細胞、ウイルスに感染した自分の細胞などがあり、白血球の種類によって排除できる異物が異なるんだ。ちなみに異物の一種である「病原体」とは、細菌やウイルス、寄生虫などの病気の原因となる微生物などのこと。

白血球の種類

白血球は大きく分けて骨髄系とリンパ系のグループがあり、骨髄系には顆粒球と単球、リンパ系にはリンパ球がいるんだ。

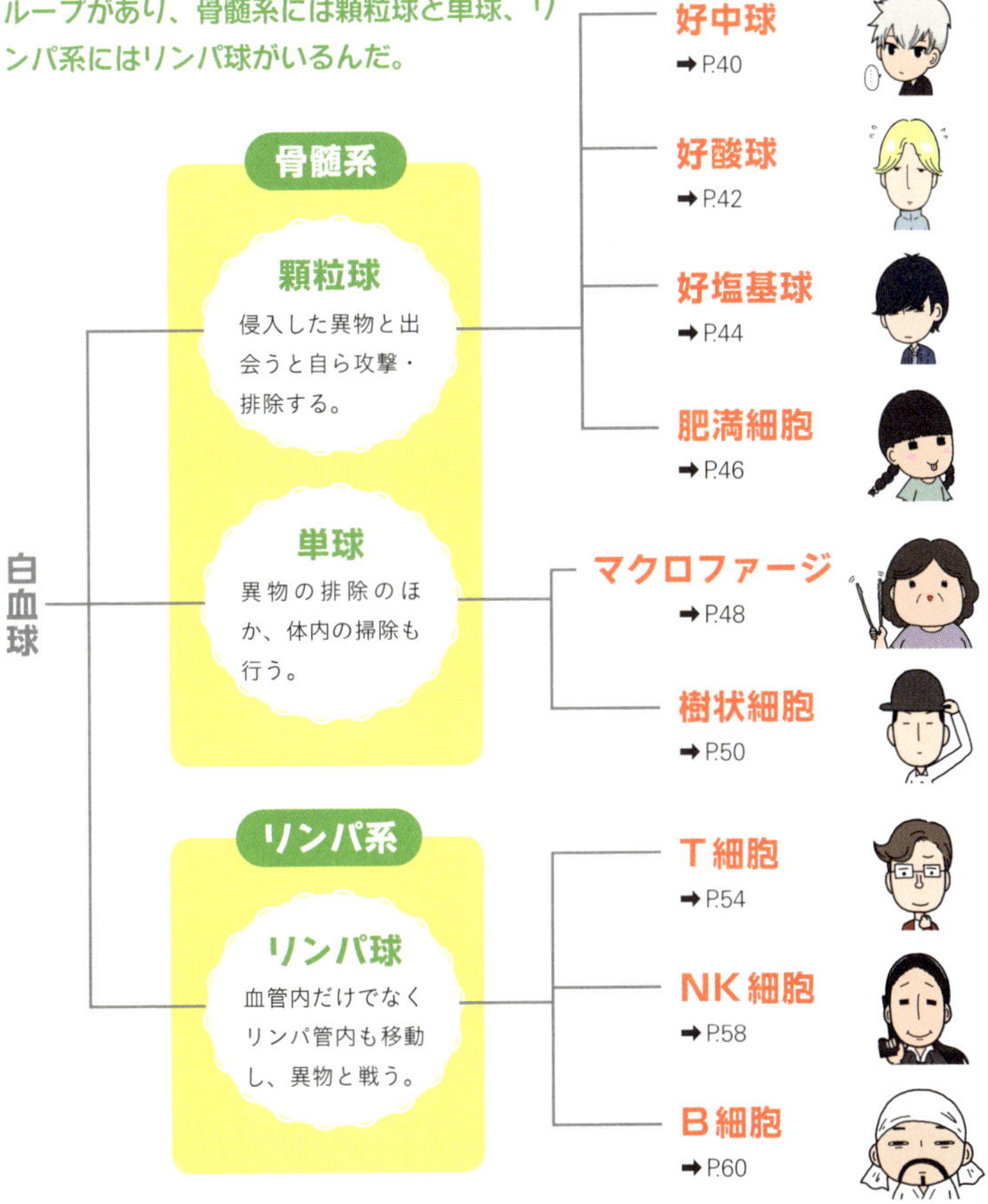

白血球
骨髄系
顆粒球
侵入した異物と出会うと自ら攻撃・排除する。
単球
異物の排除のほか、体内の掃除も行う。
リンパ系
リンパ球
血管内だけでなくリンパ管内も移動し、異物と戦う。
好中球
➡P.40
好酸球
➡P.42
好塩基球
➡P.44
肥満細胞
➡P.46
マクロファージ
➡P.48
樹状細胞
➡P.50
T細胞
➡P.54
NK細胞
➡P.58
B細胞
➡P.60

CHECKPOINT

抗原

異物のなかには白血球が「排除すべき」と認識する物質があり、これを抗原と呼ぶ。免疫のはたらきは、おもにマクロファージや樹状細胞が異物を食べて抗原をとり出し、リンパ球に抗原の情報を伝えることでスタートするんだ。情報を受けとったリンパ球は、それぞれが得意な方法で異物の排除にとりかかるよ。

CELL NO.5

好中球

小食の「殺し屋」!

あれ 急に髪が立った
セ
ピン
異物が侵入したんだね
ニ
ビュン
って…早っ!!
これを遊走《ゆうそう》という
はぁ~やっと追いついた
って もう食べてる
カチャ
カチャ
フキ
フキ
これを貪食《どんしょく》という
だれにしゃべってんの?

異物と戦う白血球たちの代表的存在。血液を自由に動き回り、異物を真っ先に食べて排除する。

細菌と戦い、食べてしまう

からだのなかに細菌などの異物が侵入すると、**マクロファージ**（➡P.48）や**樹状細胞**（➡P.50）からの連絡にアンテナ（**レセプター**）が反応！　さっそうと現場に駆けつけ、静かに異物を始末する！　そんなクールな「殺し屋」が**好中球**だ。

好中球の最大の特徴は血液の流れに身を任せて移動するのではなく、自分自身で自由に移動すること。これを**遊走**と呼ぶ。そして好中球は異物をつかまえるとその場で食べて殺してしまう。その後食べた異物を細胞内の**リソソーム**（➡P.22）でバラバラに分解する。これを**貪食**と呼ぶんだ。

ただし好中球は、同じ白血球の仲間で大食《たいしょく》細胞とも呼ばれる**マクロファージ**（➡P.48）にくらべれば、やや小食。ゆえに、「**小食《しょうしょく》細胞**（**ミクロファージ**）」と呼ばれることもある。ひとつひとつが小食である代わりに、白血球の約60％を占めるほど数が多い。そのため、一般的に「白血球」といえば、だいたい好中球のことを指しているよ。

さて、満腹になった好中球は、役目を終えると死んでしまう。ちなみに傷口を放置しておくとできる膿《うみ》。あの正体、実は役目を終えて亡くなった好中球たちのかたまりなんだ。好中球のがんばった姿は、目で見ることができるんだよ。

CHECKPOINT

レセプター

「受容体」とも呼ばれる。細胞の表面（細胞膜上）にあって、外界や体内からやってくるさまざまな情報を受けとるタンパク質。好中球の場合、マクロファージなどが出したサイトカイン（➡P.43）という情報を伝えるための物質をここで受けとることで、はたらきをはじめる。

CELL NO.6

好酸球

アレルギー反応にも関わる「寄生虫キラー」!

ぎゃああああ!!
寄生虫!!
好酸球はどこだー!
うわぁぁぁぁぁ だれか助けて〜!
ブギャー
…なにしに来たんだ?
好酸球がんばって!
ポッ
肥満細胞ちゃん!
!!
おぉおおお!!
すごいわ好酸球!
…活性化ってすごいな…

特に寄生虫と戦い、排除することが大きな役目。アレルギー反応にも深い関わりがあるとされている。

寄生虫退治が得意

人間のからだにはアニサキスや条虫といった、寄生虫という異物が侵入してくる。それらを専門に退治するのが**好酸球**だ。好酸球は異物侵入の知らせを受けると現場に駆けつけ、寄生虫をすばやく見つけ出し、排除するんだ。また、相手が強敵だった場合、応援要員としてほかの好酸球を呼ぶなんてこともする。実によく訓練された部隊の一員なんだ。

また、好酸球は**肥満細胞**（⬇P.46）から出される**サイトカイン**によってはたらきが活発になり、異物を排除する能力が高まる。

好酸球は、生まれるとまず血液にのってからだ中を巡る。そのあと、肺や腸、皮膚などそれぞれの配属先に向かうことになる。配属先ではじっと異物の侵入を見張ったり、仲間からの応援要請を待ったりして寄生虫退治の準備体制を整えるんだ。

ほかにも好酸球は、**アレルギー反応**（⬇P.45）を抑えるはたらきもしている。そのため、アトピー性皮膚炎、花粉症などアレルギー性の病気になると数が増える。ただし必要以上に増えてしまうと、好酸球増多症（※1）という、心臓や肺、皮膚や神経などにダメージを与え、下手すると命に関わる別の病気になってしまう。

CHECKPOINT

サイトカイン

細胞どうしで、情報を伝えたり、ほかの細胞のはたらきを活発にするためのタンパク質。たとえばマクロファージが異物を発見したとき、サイトカインを分泌してほかの白血球に侵入を知らせる。好中球が敵がいる場所に集まることができるのも、このサイトカインが分泌されたことによるものなんだ。

（※1）1500個/μL以上の好酸球増多が6ヶ月以上続いた状態

CELL NO.7

いまなお「ミステリアス」！好塩基球

寄生虫などに反応してヒスタミンを出し、アレルギー反応を引き起こす。これをなだめてくれるのが好酸球だ。

数が少なく、謎な点が多い

あるときはがんを見つけて破壊！　またあるときは人間の血を吸うマダニの攻撃に反撃！　そんな**好塩基球**の正体は……？　実はよくわかっていないんだ。**白血球**（➡P.38）のなかで最もミステリアスな存在だといえるだろう。好塩基球は白血球全体のわずか1％と数が少ないことや、はたらきが**好酸球**（➡P.42）や**肥満細胞**（➡P.46）などと似ていることから、長い間どんな細胞なのかわかっていなかったんだ。

わかっているのは、好塩基球も好酸球と同じように、寄生虫などの異物を排除するはたらきに深く関わっているということ。また、肥満細胞のように**アレルギー反応**を起こす場合があることもわかっている。好塩基球には**ヒスタミン**という物質が含まれており、これが花粉などが持つ物質（**アレルゲン**➡P.47）に反応して出されると、ぜんそくやじんましんなどの症状を引き起こしてしまうんだ。ちなみに、このとき「まあまあ抑えて」となだめてくれるのが好酸球。好酸球が好塩基球のはたらきを抑えることによって、好塩基球のアレルギー反応もおだやかになるんだ。

このように近年さまざまな特徴が知られるようになってきている好塩基球だが、いまなお謎な点も多い。まだまだミステリアスな細胞といえるだろう。

CHECKPOINT

アレルギー反応

体内に入ってきた食物や花粉など、本来はからだに害を与えないはずの物質に白血球が過剰に反応してしまうことがある。これを「アレルギー反応」と呼ぶんだ。白血球が「これは異物だ」と認識して過剰に反応してしまうと、からだにとって都合の悪い結果を引き起こしてしまう。

CELL NO.8

肥満細胞

くしゃみや鼻水の「トリガー」！

ひ 肥満細胞って
……
……
でも肥満…笑
太ってるわけじゃないの！
ズイッ
ヒスタミン
ゴンゴン
なにそれ…
は…は…は…
ハックシュン
なにすんのよ〜〜!!
ほれほれ
ごめんなさい
肥満細胞はくしゃみや鼻水の原因になる物質を出すんだ

花粉症やぜんそくなどのアレルギー反応の引き金を引く。人間を太らせるわけではない。

くしゃみや鼻水の原因

ヒスタミンや**ヘパリン**といったアレルギー反応を引き起こす物質を持っていて、たまに人々を困らせてしまうことがあるのが、**肥満細胞**だ。名前に肥満という言葉がつくけれど、太ったり痩せたりすることには関係なく、見た目がふくらんでいるからそう名づけられただけ。**マスト細胞**と呼ばれることもある。

肥満細胞は皮膚や粘膜など全身に広く存在していて、**好塩基球**（➡P.44）などほかの白血球と同じように、からだを守るはたらきを担っている。しかし、花粉やダニ、食べ物などが持つ物質である〝**アレルゲン**〟に対して過剰にはたらいてしまうと、**アレルギー反応**（➡P.45）を引き起こす原因にもなる。そのメカニズムを説明しよう。

肥満細胞の表面には、**B細胞**（➡P.60）がつくる**抗体**（➡P.61）がくっついていて、異物が来るのを待ち構えている。そしていざ異物が現れると抗体が反応して、できる限りからだの外に追い出そうとする。ここまでは通常の免疫のはたらきだが、異物がアレルゲンを持っていた場合、はたらきが過剰になってしまう。これが「トリガー」として、ヒスタミンやヘパリンといった物質を出し、くしゃみや鼻水、涙などのアレルギー反応が引き起こされるんだ。

CHECKPOINT

アレルゲン

アレルゲンとは、抗原（➡P.39）のなかでもアレルギー反応の原因となる物質のことで、アレルギー物質ともいう。人によってアレルゲンはさまざまで、スギやヒノキといった花粉、食べ物、ダニ、薬物、ハウスダストなどがある。おもにこれに肥満細胞が反応することよって、アレルギー反応は引き起こされるんだ。

CELL NO.9

大忙しの「掃除屋」！
マクロファージ

侵入した異物を排除する能力がとても高く、死んだ細胞も食べる。また、異物侵入の連絡役も受け持つ。

異物を排除する能力がとても高い

白血球（⬇P.38）のなかでも、からだのなかに侵入してきた細菌やウイルスなどの異物を食べることによって排除（**貪食**）する**食細胞**の代表格、それが**マクロファージ**だ。**好中球**（⬇P.40）が「小食細胞（ミクロファージ）」と呼ばれるのに対し、「**大食細胞**」とも呼ばれるよ。マクロファージは異物を排除するだけではなく、異物が侵入したことを連絡して、ほかの白血球たちに退治させる仕事もあり、大忙しなんだ。

マクロファージは、次のページで紹介する**樹状細胞**とはたらきがよく似ている。どちらも異物を食べることと、**サイトカイン**という物質を使ってほかの白血球に異物侵入の連絡をして指示を出すという2つの役割があるんだ。ただし、樹状細胞はどちらかというとほかの細胞に指示を出すことを得意としているのに対し、マクロファージのほうは食べることのほうが得意だ。

マクロファージが「大食細胞」といわれる理由は、もうひとつある。それは侵入してきた細菌やウイルスなどの異物だけでなく、役割を終えて亡くなった**赤血球**（⬇P.30）や白血球などの死骸も食べてしまうこと。この大食いのおかげで、体内はいつもきれいでいられる。まさに「掃除屋」というイメージがぴったりだね。

CHECKPOINT

食細胞

白血球が体内に侵入した異物と戦う方法には、簡単にいうと「食べる」「直接攻撃する」「抗体をつくる」の３種類あるんだ。なかでも「食べる」ことによって異物を排除する細胞のことを、食細胞と呼び、好中球、マクロファージ、樹状細胞がこれに分類されるよ。

CELL NO.10

大活躍の「司令塔」！

樹状細胞

マクロファージに比べて数は少ないが、ほかの白血球たちに指示を出して動かす能力が特に高い。

ほかの白血球を動かすリーダー的存在

白血球界の「司令塔」と呼ばれるリーダー的存在、それが**樹状細胞**だ。異物を排除（**貪食**）するほか、ほかの細胞にテキパキと指示を出し、次々と異物を片づけていく。木の枝のような（あるいは寝ぐせのような）突起をのばしていることからその名がついたんだ。からだ全体に存在してはたらいているが、なかでも皮膚の一番外側（表皮）にいる樹状細胞は、**ランゲルハンス細胞**とも呼ばれる。つねに異物と接している表皮にいるこの樹状細胞は、からだを守る最前線の砦なんだ。

からだのなかに異物が侵入すると、樹状細胞はまず自分でそれを食べて排除し、異物から**抗原**（➡P.39）をとりだす。それによって敵の特徴をおぼえるんだ。そして、次に**ヘルパーT細胞**（➡P.54）などのほかの白血球に抗原を渡して情報を伝え、攻撃の指示を出す。自ら戦って得た情報をもとにほかの仲間に指示を出すなんて、まさに「司令塔」だね。また、**サイトカイン**を出してほかの白血球のはたらきを活発にすることも行っている。情報だけでなく、やる気も与えているんだ。

樹状細胞のさらにすごいところは一度出会った異物の特徴は忘れないこと。それによって異物の次の侵入に備え、あらかじめ作戦を立てておくことができるんだ。

CHECKPOINT

ランゲルハンス細胞

表皮に存在している、表皮全体の細胞数の２～５％を占める樹状細胞。突起をのばし合ってネットワークをつくり、異物の侵入を察知して攻撃の指令を出す。そのほかにも、紫外線や乾燥などの刺激に対する反応を抑えて、アトピー性皮膚炎などの炎症を防ぐはたらきもするんだ。

免疫のはたらき

免疫のはたらきには大きく自然免疫と適応免疫の2種類があるんだ。ぜひ知っておいて欲しい。

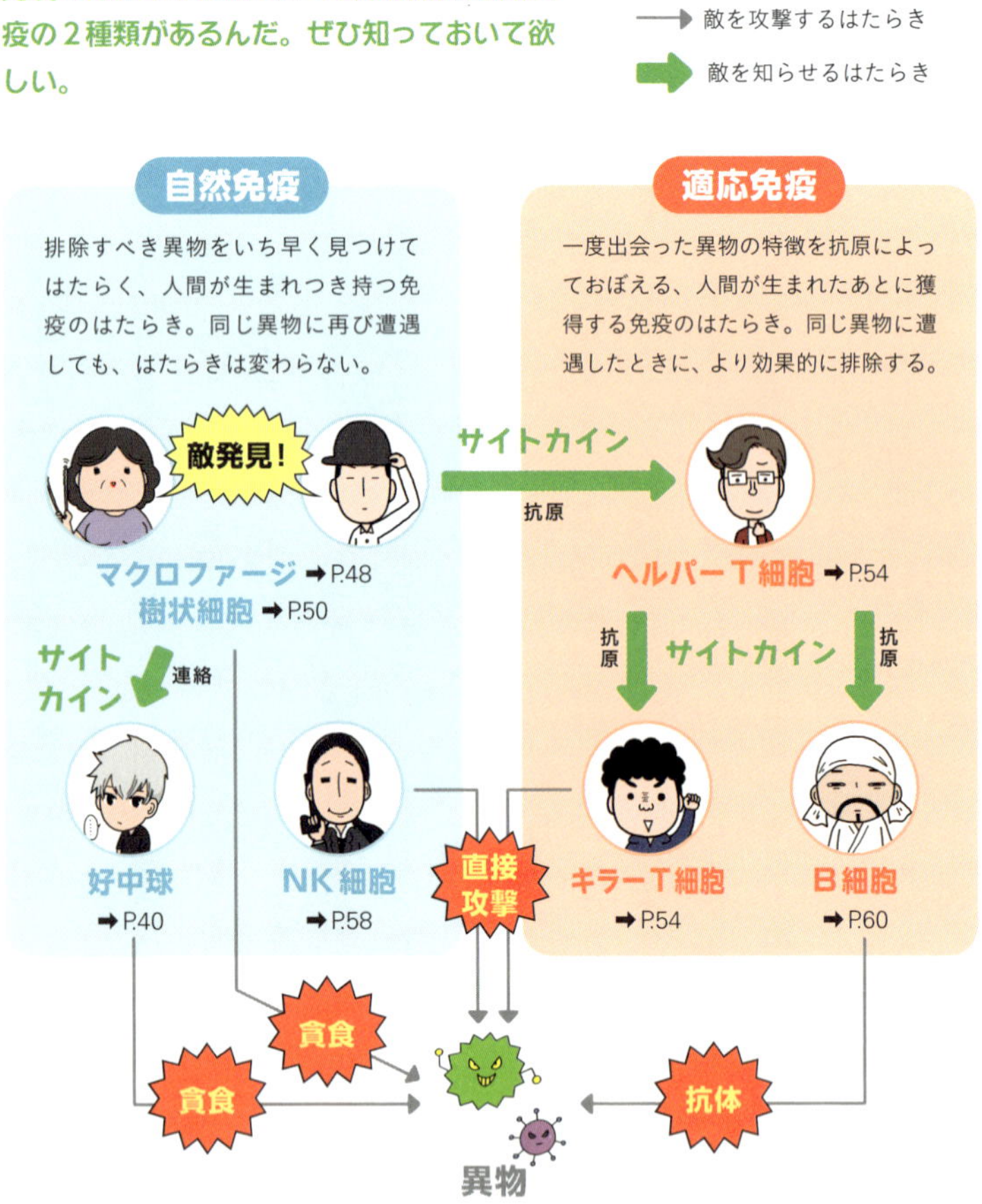
敵を攻撃するはたらき
敵を知らせるはたらき
自然免疫
排除すべき異物をいち早く見つけてはたらく、人間が生まれつき持つ免疫のはたらき。同じ異物に再び遭遇しても、はたらきは変わらない。
適応免疫
一度出会った異物の特徴を抗原によっておぼえる、人間が生まれたあとに獲得する免疫のはたらき。同じ異物に遭遇したときに、より効果的に排除する。
敵発見！
サイトカイン
抗原
マクロファージ ➡P.48
樹状細胞 ➡P.50
ヘルパーT細胞 ➡P.54
サイトカイン
連絡
抗原
サイトカイン
抗原
好中球 ➡P.40
NK細胞 ➡P.58
直接攻撃
キラーT細胞 ➡P.54
B細胞 ➡P.60
貪食
貪食
抗体
異物

コラム 「免疫力が高い」って？

免疫のはたらきを担う白血球のなかでも、樹状細胞の占める割合が大きい生物ほど「免疫力が高い」と呼ばれることが多いよ。人間は、ほかの動物に比べて樹状細胞の数が少ない。しかし、長い進化の過程でその数は徐々に増えていっているんだ。

花粉症

vol.2

マスクを必需品に変えた！花粉症はもはや、国民病？

免疫は細菌などの有害な物質から、からだを守ってくれる大切なしくみ。ところが、たまに白血球たちが必要以上に頑張りすぎて、特定の異物に対し過剰にはたらいてしまうことがある。その結果、からだに異常が起こることをアレルギー反応という。

最も有名なのは国民の約4分の1がかかっているという花粉症だろう。アレルギー反応のしくみはどの物質でも基本的に同じだが、ここでは花粉を例に紹介しよう。

花粉症の人の体内に花粉が侵入してくると、まずマクロファージが本来は無害なはずの花粉を異物ととらえ、次にその情報を受けとったヘルパーT細胞が「退治するための抗体をつくれ」とB細胞に連絡する。そして、その抗体が肥満細胞にくっつき、花粉を待ち受ける準備がととのう。

そこに花粉が入ってくると、抗体が反応し、肥満細胞は大量に鼻水などを出して花粉を追い出そうとするんだ。ただし、本来であれば花粉は、体内に入ってもたいして問題にはならない。「だから白血球たち、勘違いしないで！　鼻水のほうがつらいよ～」となるのが、花粉症なんだ。

CELL NO.11

免疫3トリオ！

T細胞

1
ヘルパーT細胞

免疫システムを調節する役割を持つ。樹状細胞などからの情報を受け、キラーT細胞やB細胞に指示を出す。

2
キラーT細胞

ヘルパーT細胞からの指示を受け、細菌やウイルスが感染した細胞、がん細胞などの異物を破壊する殺し屋。

異物と戦うプロ集団

T細胞は血球のなかで唯一、**骨髄**ではなく、心臓の前あたりにある**胸腺**という場所で生まれる。そもそもT細胞の「T」とは、胸腺（Thymus）の頭文字からとられているんだ。

T細胞にはさらにさまざまな種類があって、役割も異なる。なかでも代表的なのが、**ヘルパーT細胞**、**キラーT細胞**、**レギュラトリーT細胞**の3トリオ。それぞれが自分の役割を果たすことで、からだを守る免疫のシステムを担っているんだ。

たとえば、ヘルパーT細胞は免疫システムの「調節役」。ほかの細胞と連絡をとり合いながら、攻撃の指令を出すんだ。キラーT細胞は、異物と直接戦う「殺し屋」。そしてレギュラトリーT細胞は、キラー

③ レギュラトリーT細胞

アレルギー反応などを引き起こす可能性のあるときにそのはたらきを抑える、免疫界の平和主義者。

T細胞らを見守って、はたらきが過剰になってしまうのを抑える「平和主義者」だ。

ときには調節がうまくいかずに、失敗してしまうこともあるが…。基本的にはそれぞれが個性を発揮して協力し合いながら、からだを守ってくれている。

T細胞① 免疫活動の「調節役」！

ヘルパーT細胞

ヘルパーT細胞は、免疫のはたらきを調節する、リンパ球界のリーダー的存在だ。

ヘルパーT細胞は、**マクロファージ**（➡P.48）や**樹状細胞**（➡P.50）から異物の侵入の連絡を受けると、その情報をもとに「どういうふうに攻撃するか」と作戦を立てる。

そして、あるときは**キラーT細胞**に「敵を殺せ！」と指示したり、**B細胞**（➡P.60）に「抗体をつくれ！」と命令したりと、異物の特徴に合わせて最適と思われる仲間に指示を出し、免疫のはたらきがうまくいくようにしているんだ。

このように、普段は免疫システムの調節に徹しているヘルパーT細胞だが、ときには自ら戦場に出ていくことも。それは腸のなかに異物が侵入した場合だ。そのときにはまるでキラーT細胞のような非情な殺し屋となり、異物を破壊するんだ。

そんなヘルパーT細胞の天敵はHIVというウイルス。これにとりつかれると、本来の力が発揮できなくなり、エイズという病気が引き起こされてしまうんだ。

CHECKPOINT

エイズ（後天性免疫不全症候群）

免疫不全症候群とは、からだを守る免疫のはたらきが低下してしまうことで引き起こされる病気のこと。なかでも代表的なのが、性感染症として知られているエイズなんだ。その原因であるHIV（ヒト免疫不全ウイルス）は、ヘルパーT細胞のなかに入って殺してしまうため、ほかの免疫に関わる細胞たちのはたらきも弱まってしまう。

T細胞② 通称「細胞界の殺し屋」！

キラーT細胞

白血球のなかで代表的な存在なのは**好中球**（⬇P.40）だが、細胞界で「殺し屋」として特に名をはせているのが、**キラーT細胞**。常備している武器〝**パーフォリン**〟という物質を使って、異物を排除するんだ。

普段は**ヘルパーT細胞**からの命令で動くが、自分で異物を見つけて攻撃することもある。ときには味方を攻撃するなど過剰にはたらいてしまうこともあり、ほかのT細胞を困らせることも。

ちなみにパーフォリンという物質は、異物に穴を開けて破壊することができるタンパク質だ。**NK細胞**（⬇P.58）なども使用する、殺し屋御用達の強力な武器として知られているよ。

T細胞③ 免疫界の「平和主義者《パシフィスト》」！

レギュラトリーT細胞

レギュラトリーT細胞は、ほかのT細胞たちが免疫のはたらきを過剰に行ってしまうことを抑える、平和を守る存在だ。

たとえば**キラーT細胞**がはりきりすぎてしまうと、異物でなく味方の細胞を攻撃してしまう**アレルギー反応**（⬇P.45）の一種を引き起こしてしまうことがある。関節リウマチなどの病気がその例だよ。レギュラトリーT細胞は、そのようなことが起こらないように監視して、行きすぎたはたらきを抑える役割を持つんだ。でも、レギュラトリーT細胞が免疫のはたらきを抑える細かなしくみは、まだわかっていないんだ。

CELL NO.12 NK細胞

前線部隊の「生まれつきの殺し屋」!

パトロールご苦労
こんにちは〜
!
あちょっと待ってください
え?
パーフォリン
異物発見っ!!
ズドン
根絶やしにしてやる
グランザイム
ズブッ
え〜〜
指示を受けることなく
自ら敵を発見・排除する
これがNKつまり
ナチュラルキラーと呼ばれるゆえんだ
ニコ♡
スッキリしました
……

体内をパトロールし、侵入した異物を見つけると誰からの指令を受けることなくただちに攻撃する。

自らパトロールし、自ら異物を破壊する

敵となる細菌などを見つけると、すかさず**パーフォリン**というタンパク質を出して、敵の**細胞膜**（P.20）に穴を開ける！　さらに**グランザイム**というこれまたタンパク質を使ってとどめを刺す！　この2段階の攻撃で確実に異物を退治するのが、**NK細胞**だ。NKは「ナチュラルキラー」の略で「生まれつきの殺し屋」という意味である。

同じ殺し屋でも、**キラーT細胞**（⬇P.54）が基本的に**ヘルパーT細胞**（⬇P.54）の指示によって動くのに対し、NK細胞は自ら体内をパトロールして、ただちに排除しまくる一匹狼タイプの殺し屋で、それが名前の由来になっているんだ。

ひとりで戦うためには、敵を見定める能力にもすぐれていなければならない。そのため、NK細胞は2つのアンテナ（**レセプター**）を持っている。ひとつは敵を見つける**活性化型レセプター**。そしてもうひとつは、敵と味方とを区別する**抑制型レセプター**。NK細胞はこれら2つのアンテナを駆使して敵と味方を正確に判断しているんだ。

ちなみに、人が笑うとき、からだのなかでは**神経ペプチド**という物質が分泌されている。この物質にはNK細胞を活発にする力があることが知られている。「笑いが免疫力をアップさせる」というのは、迷信ではなく、科学的に証明された事実なんだ！

コラム NKT細胞

リンパ球の仲間のひとつに、NKT細胞というものがある。NK細胞とT細胞の両方の性質を兼ね備えている細胞だ。NK細胞が行うような異物への攻撃だけでなく、ヘルパーT細胞やレギュラトリーT細胞が行うような、免疫システムの調節や抑制のはたらきも担っている。

CELL NO.13

抗体づくりの「職人」！

B細胞

抗体工房B
カンッ
カンッ!
…はい 了解です その抗原であれば 私が引き受けます
職人さんみたい
では抗体づくりをはじめます
…抗体？ということは…
これ全部敵を排除するためのものだね
これ全部!?
おう…若いの…
!?
はいっ!!
すべては経験だよ
私は一度出会った敵は忘れない
次も確実にしとめるんじゃ
なんか説得力がある!!

抗原を排除するための目印になる抗体をつくり出し、細菌やウイルスなどを間接的に攻撃する役割を担う。

抗原を排除する目印（抗体）をつくる

キラーT細胞（⬇P.54）や**NK細胞**（⬇P.58）のように異物と直接戦うのではなく、それらをやっつけるための目印となる**抗体**をつくるのが**B細胞**だ。

B細胞がつくる抗体にはさまざまな種類があり、1種類の抗体は1種類の**抗原**（⬇P.39）にしか対抗できない。細菌やウイルスなどの種類によって、すべて違った抗体が必要となるんだ。また、1つのB細胞につき、1種類の抗体しかつくることができない。でも体内には数百万～数億個のB細胞がいて、それぞれが特定の異物専用の抗体をつくっている。おかげで人間が体内でつくりだせる抗体の種類は、なんと1億種類を超えるんだ。

B細胞はおもに、**ヘルパーT細胞**（⬇P.54）から「抗体をつくれ」という指示を受けて、抗体づくりをはじめる。できた抗体は血管内やリンパ管内をめぐって最終的に抗原にくっつき、これがほかの白血球たちが敵を認識する目印になる。おかげでスムーズに免疫のはたらきが行われるんだ。

B細胞は抗体による異物の排除が完了すると、ほとんどは役目を終えて死んでしまうのだが、一部は**記憶細胞**（⬇P.62）として残って、2回目の侵入に備えるよ。

CHECKPOINT

抗体

抗体とは、異物が持つ抗原にくっつくことによって、白血球が異物を排除するはたらきをうながす、目印のような物質のこと。抗体は血液にのって全身を巡ったり、肥満細胞（➡P.46）にくっついたりして抗原を待ち受ける。抗体がくっついた抗原をほかの白血球が認識することによって、排除が行われるんだ。

記憶細胞

免疫の記憶を持つB細胞・T細胞

記憶細胞はメモリー細胞ともいい、免疫の記憶を持った**B細胞**（➡P.60）、**T細胞**（➡P.54）のこと。基本的に一度はたらいたB細胞とT細胞は、1〜2週間ほどで死んでしまう。でも、一部は生き残り、脾臓（➡P.96）などに潜伏して過ごす。この状態を記憶細胞というんだ。記憶細胞はまた同じ異物が侵入したときに再び活発に活動するようになるよ。記憶細胞になったB細胞、T細胞を、それぞれメモリーB細胞（※1）、メモリーT細胞という。記憶細胞になるとおよそ10年、長くて80年ほど生きることもあるらしい。

記憶細胞は、1回目の異物の侵入のときの免疫の記憶をもとに、2回目以降はよりすばやく、強いはたらきを行うことができる。特にメモリーB細胞は抗体づくりのスピードが2倍ほど、量は3倍ほどにもなる。これが「免疫がつく」と呼ばれるもの。

● B細胞の抗体づくり

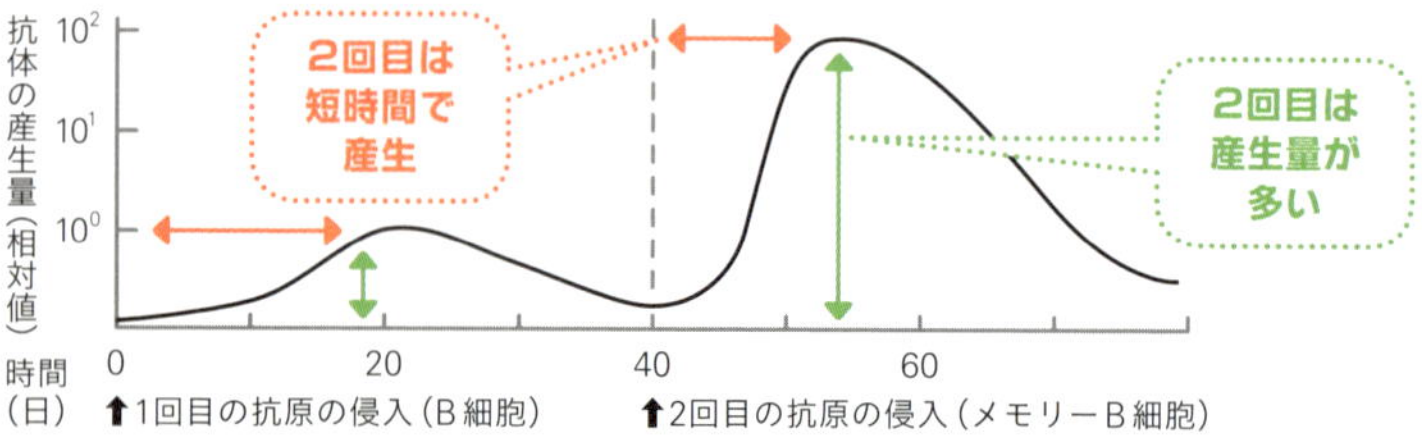

（※1）記憶細胞はメモリーB細胞のことのみを指している場合もある

記憶細胞のはたらき

侵入した異物とはじめて遭遇して役目を終えたB細胞やT細胞の一部は記憶細胞として残り、2回目以降の侵入でより強くはたらく。

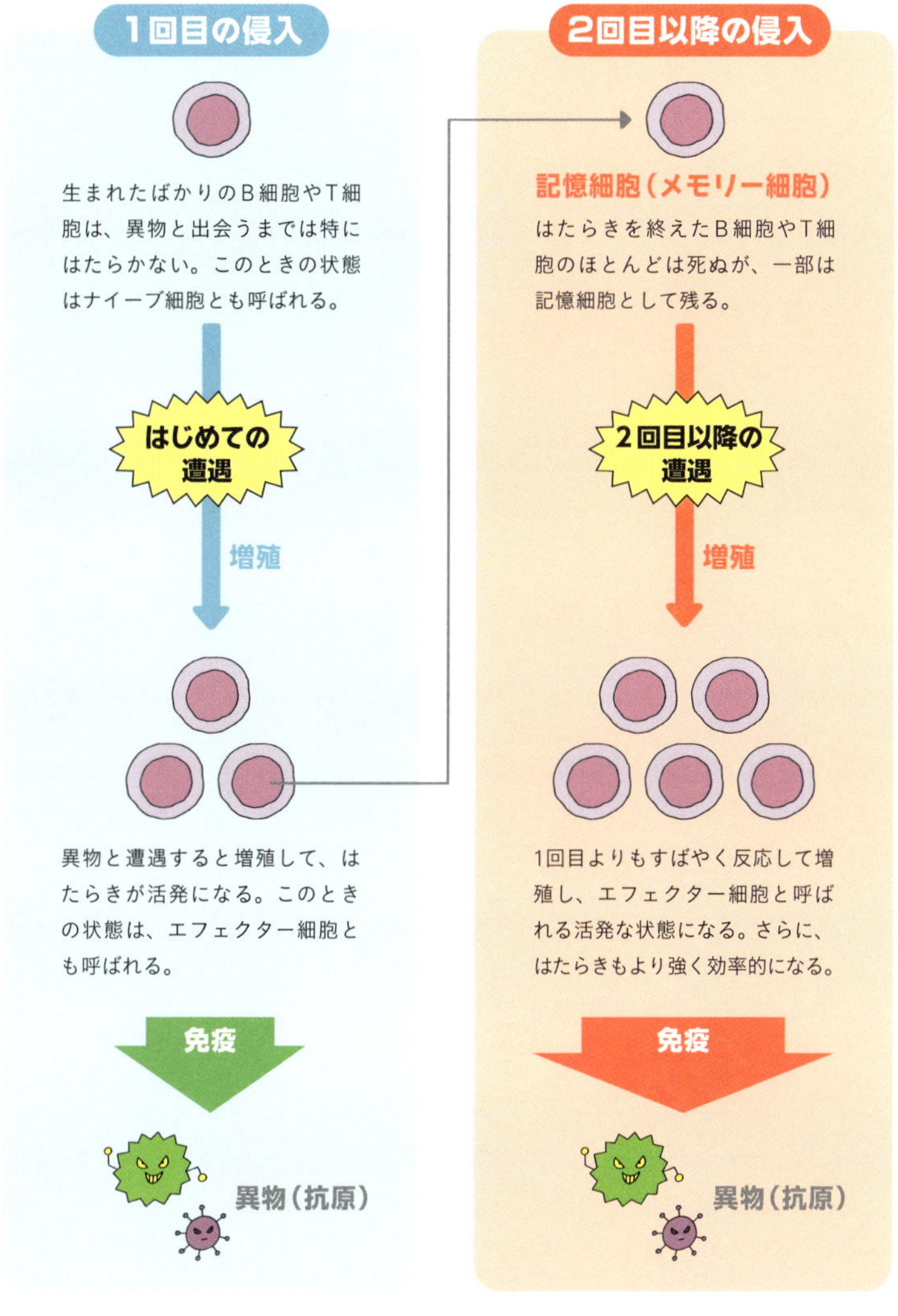
1回目の侵入
生まれたばかりのB細胞やT細胞は、異物と出会うまでは特にはたらかない。このときの状態はナイーブ細胞とも呼ばれる。
はじめての遭遇
増殖
異物と遭遇すると増殖して、はたらきが活発になる。このときの状態は、エフェクター細胞とも呼ばれる。
免疫
異物（抗原）
2回目以降の侵入
記憶細胞（メモリー細胞）
はたらきを終えたB細胞やT細胞のほとんどは死ぬが、一部は記憶細胞として残る。
2回目以降の遭遇
増殖
1回目よりもすばやく反応して増殖し、エフェクター細胞と呼ばれる活発な状態になる。さらに、はたらきもより強く効率的になる。
免疫
異物（抗原）

インフルエンザ

vol. 3

毎年流行するインフルエンザ 予防接種をすれば万全?

毎年、冬になると流行して話題になるインフルエンザ。実際に自分がかかったとか、友だちがかかったことがある、なんて人も多いだろう。ふつうの風邪と違って、高熱が出ることが多く、重症化することもあるので注意が必要だ。

インフルエンザにかからないための有効な手段として、予防接種がある。インフルエンザが流行する前に、一度ワクチンを注射しておくことで、B細胞を一度はたらかせて記憶細胞に変化させる。これにより、次にインフルエンザウイルスが侵入したときに、より効率的に抗体をつくれるようにしておく。こうしてかかりづらく、かかっても重症にならないからだにすることができるんだ。

ただし、インフルエンザウイルスは1種類ではない。大きく分けてA型とB型があり、さらにA型だけでも144通りものウイルスのタイプがある。ワクチンは、その年に流行するタイプを予測してつくられるのだが、100%その通りのタイプが流行するとは限らない。予防接種で安心せず、手洗いなどの予防もしっかり実行しよう!

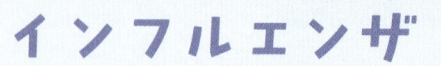

3章

脳と神経の細胞

なにかを考えたり、情報を受けとってからだを動かす指示を出したりなど、全身をコントロールする役割を持つ脳や神経。そのはたらきを担う細胞たちを紹介しよう。

神経とは？

神経とは、全身に網のように張りめぐらされた情報ネットワークだ。目や耳などの**感覚器**（⬇P.116）から光や音などの情報を受けとったり、筋肉などの**運動器**にそれを伝えたりと、情報伝達の役割を担っている。神経は大きく**中枢神経**《ちゅうすうしんけい》と**末梢神経**《まっしょうしんけい》に分けられ、さらに中枢神経は**脳**と**脊髄**《せきずい》に、末梢神経は**体性神経**《たいせいしんけい》（感覚神経と運動神経）と**自律神経**に分けられるよ。

神経のはたらきを防犯システムにたとえよう。泥棒の侵入をセンサーが感知し、ケーブルを通じてコンピュータに伝える。そしてコンピュータは情報を処理して、ケーブルを通じて「アラームを鳴らせ」という指示を出す。このときのケーブルが末梢神経で、コンピュータが中枢神経だ。センサーは感覚器に、アラームは運動器にあたるよ。

たとえば感覚器である目が強い光を感じたら、その情報を得た脳が「まぶしい」と判断し、末梢神経を通じて、目を閉じるよう、筋肉に命令するんだ。

CHECKPOINT

運動器

骨や関節、筋肉など、からだを動かしたり支えたりする組織や器官の総称のこと。運動器はそれぞれが連携してはたらいていて、どこか1か所にでも不都合が起きるとからだがうまく動かせなってしまう。それによって寝たきりになるなど運動の機能が低下した状態を「運動器症候群（ロコモティブシンドローム）」というよ。

情報伝達のしくみ

全身に分布する神経は、感覚器から情報を受けとって分析し、適切に反応するための指示を運動器に伝えるはたらきをする。

外界からの刺激

↓

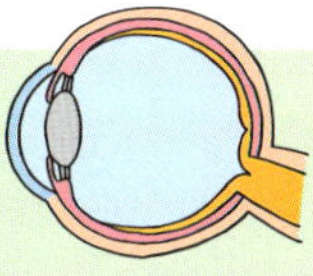

感覚器（目や耳など）

光や音、におい、味など、さまざまな刺激を受けとって、それを情報として伝える。

↓ **末梢神経（感覚神経）**

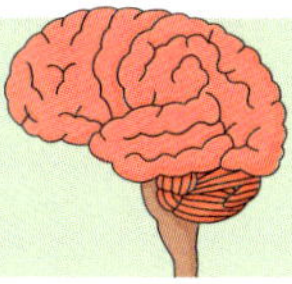

中枢神経（脳や脊髄）

感覚器と運動器の間の連絡や、情報の分析を行う。神経に存在するニューロン（神経細胞）が情報伝達の役割を果たす。

↓ **末梢神経（運動神経や自律神経）**

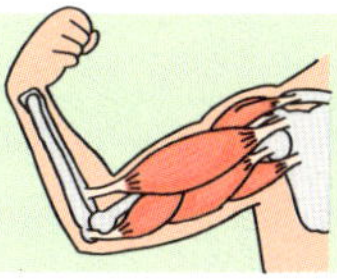

運動器（筋肉など）

受けとった命令に応じて、筋肉を収縮させて腕や足を動かすなど、状況に対して適切な運動を行う。

↓

反応

コラム

伝導路

伝導路とは、神経が情報をある場所から別の場所につなげる、情報の通り道のこと。神経路とも呼ばれる。ちなみに感覚器からの刺激が大脳を経由することなく運動器に伝わることを「反射（➡P.72）」というけれど、この場合の通り道は反射路と呼ばれるよ。

CELL NO.14

興奮する「情報伝達屋」！ ニューロン

興奮するね～
ビリ
ビリ
え なになに
外界がまぶしいとの情報があってね
ビリッ
ビリッ
キミの目を閉じるように筋肉の細胞に伝えているんだ
こ…これは…！
どうしたの!?
ビリ
ビリ
次は鼻からの情報だ！
興奮するねぇ
ビリ
タラ
ビリ
変態か!!

感覚器から刺激を受けとると興奮し、その情報を電気信号に変えて運動器に伝えるはたらきをする。

興奮することによって情報を伝える

神経のなかに存在し、目や耳などからの情報を受けとって処理し、それを筋肉などに伝えるのが**ニューロン**（※1）だ。そして、ニューロンのなかを、電気信号というかたちで情報が伝わっていくことを**興奮**という。

ニューロンのなかは電気を帯びていて、通常、電気的に−《マイナス》の状態になっている。ここに**感覚器**（➡P.116）などから刺激が伝わると、一瞬だけ細胞の外の＋《プラス》の電気がなかへ流れ込み、なかの−《マイナス》電気が一時的に＋《プラス》に変わる。これが興奮だ。この興奮がニューロン内で次々とはたらいて伝わっていき（**伝導**➡P.71）、ほかのニューロン、あるいは筋肉などの**運動器**（➡P.66）に伝えられる（**伝達**➡P.70）。ニューロンは、興奮することによって情報を伝える細胞なんだ。

ニューロンはかたちや構造も特徴的だ。中心部は**細胞体**といい、そこから出るボサボサの髪型ような部分を**樹状突起**、細胞体からのびる細長い部分を**軸索**《じくさく》、そして軸索の先端で次の細胞に伝える部分を**シナプス**と呼ぶ。ニューロンは樹状突起で情報を受けとり、情報は電気信号として軸索を伝わっていき、シナプスで神経伝達物質（※2➡P.70）を出して次の細胞に興奮を伝えるんだ。

CHECKPOINT

興奮のスピード

興奮はまず情報の入口である樹状突起や細胞体で起こり、次に軸索→シナプスへと伝わって神経伝達物質を放出する。そして次のニューロンがその神経伝達物質を受けとり、情報は伝わるのだが、ここまでの所要時間はなんと100分の1秒以下。また、興奮が生じておさまるまではおよそ1000分の1秒と、ニューロンの活動はとてもスピーディーなんだ！

（※1）神経細胞ともいうが、日本では神経細胞というと細胞体（➡P.70）のみを指すことも
（※2）グルタミン酸やノルアドレナリン、ドーパミンなど

ニューロンの構造

ニューロンの構造は少し特殊。細胞体・樹状突起・軸索からなり、ほかのニューロンや運動器に情報を伝達する部分をシナプスと呼ぶ。

細胞体

中心部であり、核などの細胞小器官（➡P.18）が存在する。細胞の基本的なはたらき（➡P.16）はここで行われている。

樹状突起

細胞体から周囲に出る木の枝のような突起。情報を受けとる役割を持つ。

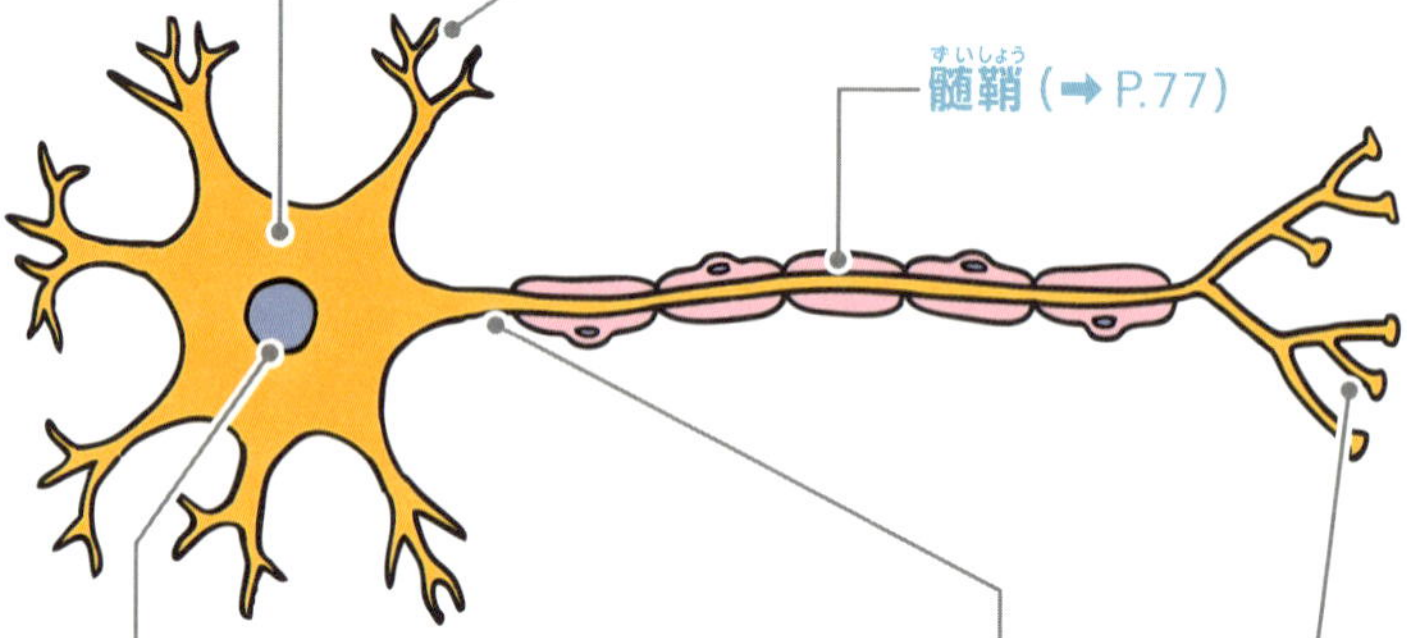

核

軸索

細胞体からのびる細長い部分。先端はシナプスという部分になっており、情報を送る役割を担う。

CHECKPOINT

シナプスによる伝達

細胞体からのびている軸索の先端に興奮が伝わると、神経伝達物質を出すことによってニューロンは次の細胞に興奮を伝える。その接続部分のことをシナプスと呼ぶんだ。ちなみにシナプスでの興奮の伝わる方向は、軸索先端→次の細胞の一方通行であり、反対方向には伝わらないよ。

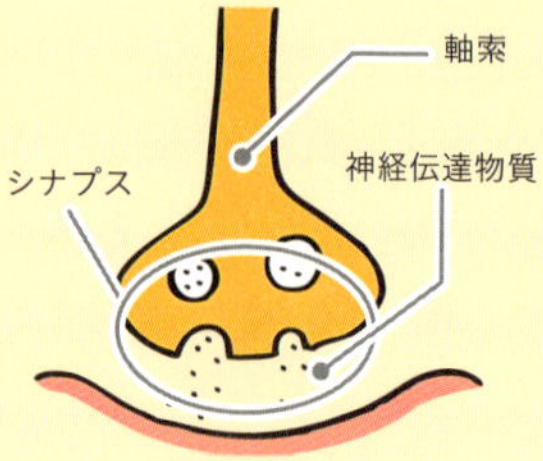

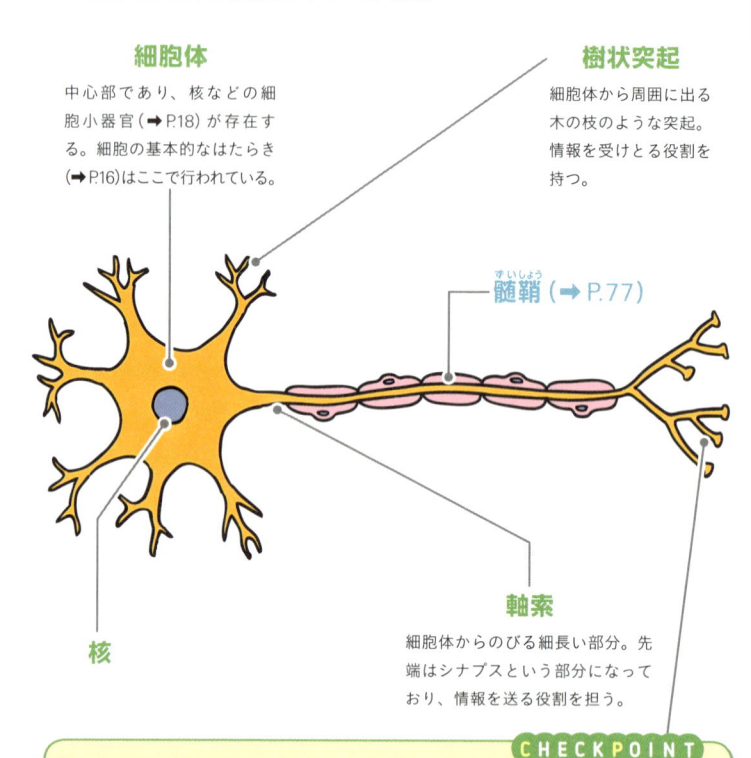

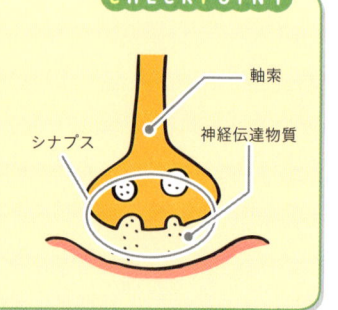

興奮の伝導

ニューロンは情報を受けとると興奮し、興奮は電気信号として軸索を伝導する。伝導とは電気信号がニューロン内を伝わっていくこと。

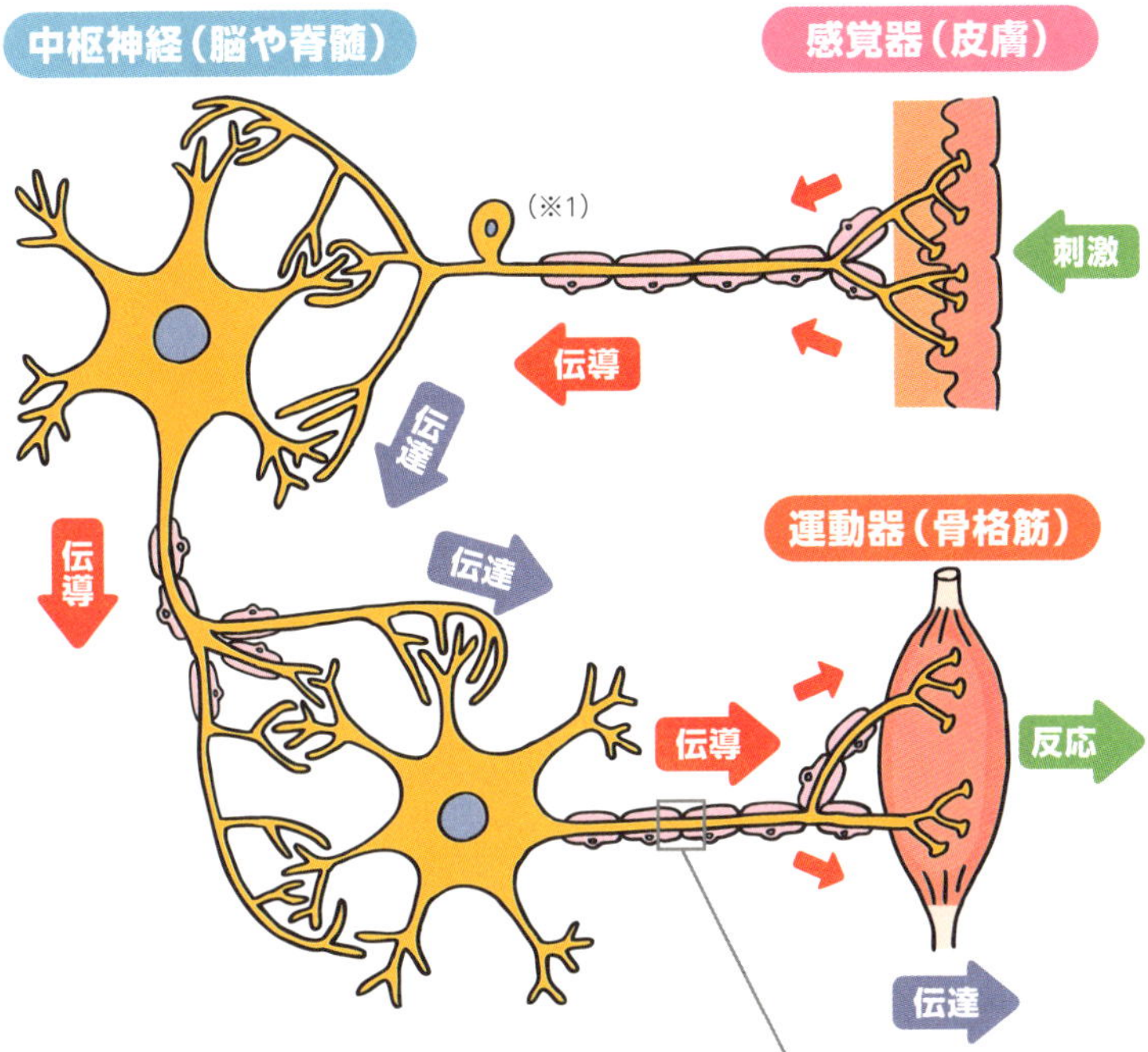
中枢神経（脳や脊髄）
感覚器（皮膚）
（※1）
刺激
伝導
伝達
伝導
伝達
運動器（骨格筋）
伝導
反応
伝達

コラム

興奮の伝導のしくみ

ニューロンのなかは普段、－の電気を帯びている。情報を受けとるとほんの一瞬だけ細胞の外の＋の電気がなかへ流れ込み、細胞のなかの一部が－から＋の電気に変わる（興奮）。それがドミノ倒しのように伝わっていくんだ。

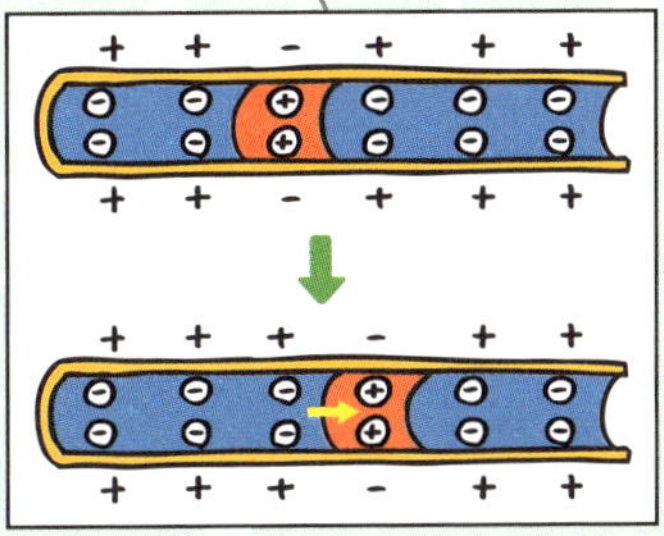

（※1）感覚神経（感覚ニューロン）は樹状突起を持たず、軸索で直接情報を受けとる

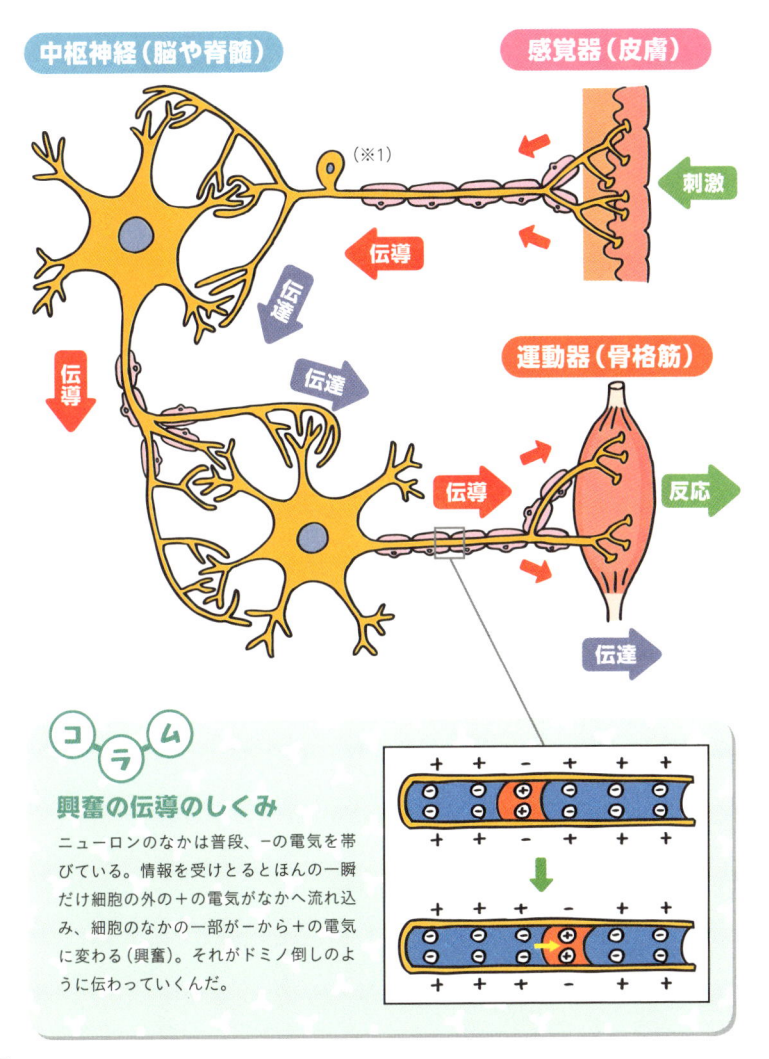

脳とは？

脳というと、ものを考えたり、記憶したりする器官だと思っている人もいるかもしれない。もちろん、それも大切な役割だが、それだけではないんだ。脳はいくつかの部分に分かれ、それぞれが手足や内臓などからだの各部分のはたらきを調節する役目も果たしている。まさに脳はからだ全体をコントロールする総監督のようなものなんだ。ちなみに**小脳**は、名前こそ「小」だが、脳のなかで2番目の大きさがあり、**中脳**よりも大きいよ。

膨大な情報を処理するため、脳のなかにはなんと1000億個以上の**ニューロン**（⬇P.68）が集まっている。でもそのニューロンをはるかに超える数を誇るのが、ニューロンのはたらきを支える**グリア細胞**（⬇P.74）と呼ばれる細胞たちだ。

なお、脳の下の部分からそのまま続く太いひも状の器官を**脊髄**という。脳とともに中枢神経に分類される神経組織で、情報を伝える通路のはたらきがあるよ。

コラム 反射

反射とは、感覚器からの情報が、大脳以外の中枢神経で処理されて、無意識的に運動器に反応があらわれる現象のこと。たとえば明るいところから暗いところへ移動したときに瞳孔が大きくなる現象や、熱いものに手を触れたときに思わずさっと手を引いている現象などがある。

脳の構造とはたらき

脳は、大脳・間脳・小脳・脳幹（※1）からなり、それぞれ異なったはたらきをする。脳幹には、中脳・橋・延髄が含まれる。

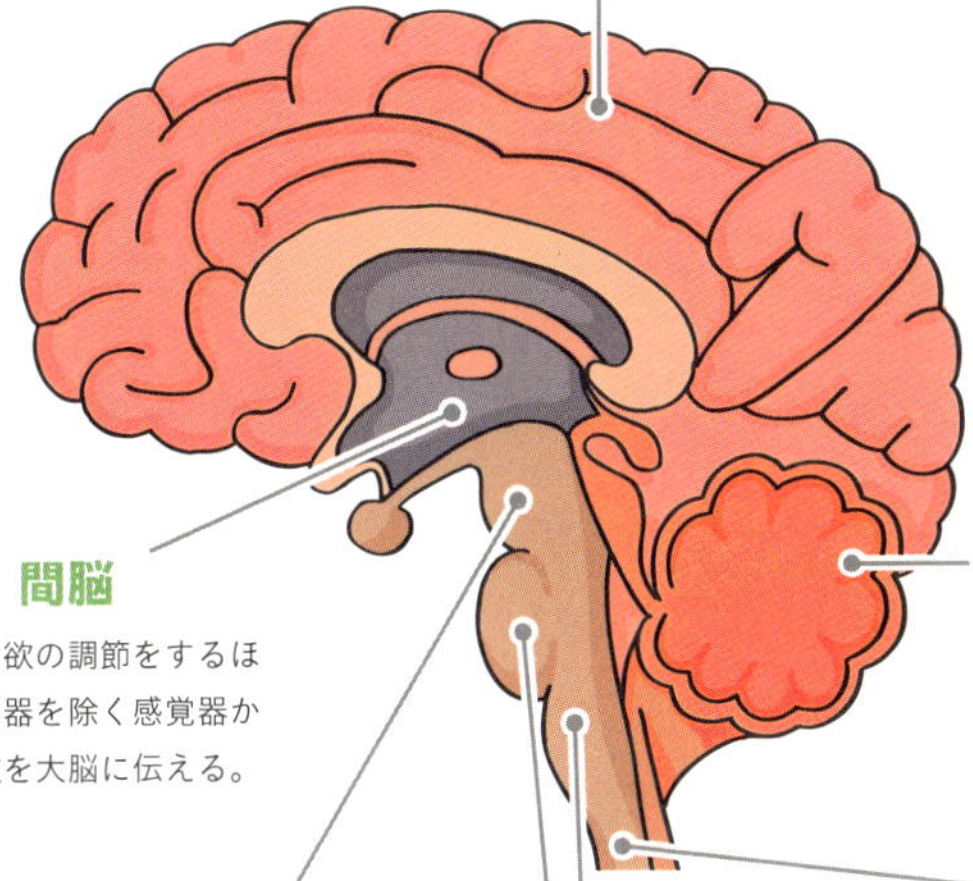

大脳

運動機能や言語機能、思考や感情、記憶、判断などの機能を担う。

間脳

体温や食欲の調節をするほか、嗅覚器を除く感覚器からの刺激を大脳に伝える。

小脳

手足がなめらかに運動できるようにコントロールするほか、平衡感覚を保つ。

脊髄

感覚器から脳、脳から運動器へと情報を伝える。背骨にかこまれるように存在する。

脳幹

中脳

大脳と脊髄、小脳を結ぶ。瞳孔の反射や眼球の動き、姿勢の制御などを行う。

橋《きょう》

顔の神経や聴覚、唾液腺などを制御するほか、呼吸にも関わる。

延髄《えんずい》

呼吸や循環、消化など、生命の維持に重要な自律神経の制御を行う。

（※1）間脳は脳幹に含む場合もある。

CELL NO.15

ニューロンの側近3姉妹！
グリア細胞

❶ ミクログリア

ニューロンが損傷した際に修復を行うほか、神経回路のつくり替えにも一役買っている。

❷ アストロサイト

太くて短い突起を持った星型のかたちをしている。ニューロンに栄養を与えたり、有害物質を除去したりする。

ニューロンのお助け役

グリア細胞は、**ニューロン**(⬇P.68)のサポート役をしている細胞だ。

情報を伝えるという重要な役割を担っているニューロンだが、決して1人では生きることができない。グリア細胞という優秀な助っ人たちによって、ようやく活動できているんだ。サポートの幅は多岐にわたり、栄養を与えられたり、傷ついたからだを修復してもらったりなど、さまざま。

その証拠に、人間の**脳**(⬇P.72)のなかにはニューロンがおよそ1000億個あるといわれているが、グリア細胞はその10倍にあたるおよそ1兆個も存在している。1つのニューロンは、平均して約10個のグリア細胞によって支えられているというわけだ。

3 オリゴデンドロサイト

軸索に巻きついて、髄鞘というものをつくる。アストロサイトに比べて突起が少ないかたちをしている。

グリア細胞という名称は、何種類かの細胞の総称で、かたちもはたらきも異なる。代表的なものとして、**ミクログリア**、**アストロサイト**、**オリゴデンドロサイト**などがいる。それぞれが、自分の得意な分野でニューロンを支えているんだ。

ニューロンさん 残さず食べてね
ああ わかったよ
ねぇ… またケガしたんですかぁ?
ちょっと 動かないで
キミたち私に向かって なんだその口ぶりは…
そんなこと言ったら
わたしたち…
もうお世話してあげなくていいんですか?
ハッ
スッ
待ってぇ~! キミたちがいないと なにもできない~(泣)
ダメな男…

グリア細胞① ニューロンの「専属医師」!

ミクログリア

小膠細胞《しょうこう》とも呼ばれる**ミクログリア**は、**ニューロン**（⬇P.68）の状態をつねに把握し、なにか異常があればすぐ修復するという、専属医師のような役割を担うグリア細胞だ。細長い突起がたくさんあり、それをニューロンにのばして異常がないかを探るんだ。まるで聴診器のようにね。しかも、検査の仕方は実に丁寧！ 異常がないときでも1時間ごとに5分間、異常が見られるときはそれ以上にチェックしてくれるんだ。

また、ミクログリアには**マクロファージ**（⬇P.48）のように、異物を殺したり、死んでしまった細胞を食べたりするはたらきもあるといわれている。

グリア細胞② ニューロンの「お世話役」!

アストロサイト

グリア細胞のなかで最も数が多いのが**アストロサイト**だ。「アストロ」とは「星の」「天体の」という意味で、日本語では**星状膠細胞**《せいじょうこう》という。発見当初、星のかたちに見えたことからこの名前がついたが、実際はスポンジのように複雑な突起が枝分かれしたかたちである。

アストロサイトは、栄養を与えたり、不要なものをお掃除したりと、ニューロンのお世話をしてくれる。しかも情報の伝導・伝達をスムーズにするというニューロンの仕事を手伝うことまでしてくれる。身の回りのお世話だけでなく、仕事の手伝いもしてくれる、実に優秀な存在なんだ！

グリア細胞③ ニューロンの「加速器」！

オリゴデンドロサイト

希突起膠《きとっきこう》細胞とも呼ばれる**オリゴデンドロサイト**のおもな役割は、ニューロンの**軸索**に巻きついて、**髄鞘**をつくり出すこと。髄鞘とは、ニューロンを保護する役割と、情報の伝導のスピードを上げるはたらきを持つカバーのようなものだ。

髄鞘は少しずつすき間を空けながら、情報が流れる通路である軸索に巻きつく。巻きついた部分には電気信号が流れず、それ以外の部分だけを飛び飛びに電気が跳ねるようにして流れていくため、情報の伝導が速くなる。オリゴデンドロサイトは、ニューロンにべったりくっついて、そのからだを護りながら、「加速器」の役割もしているんだね。

脳の代表的な細胞

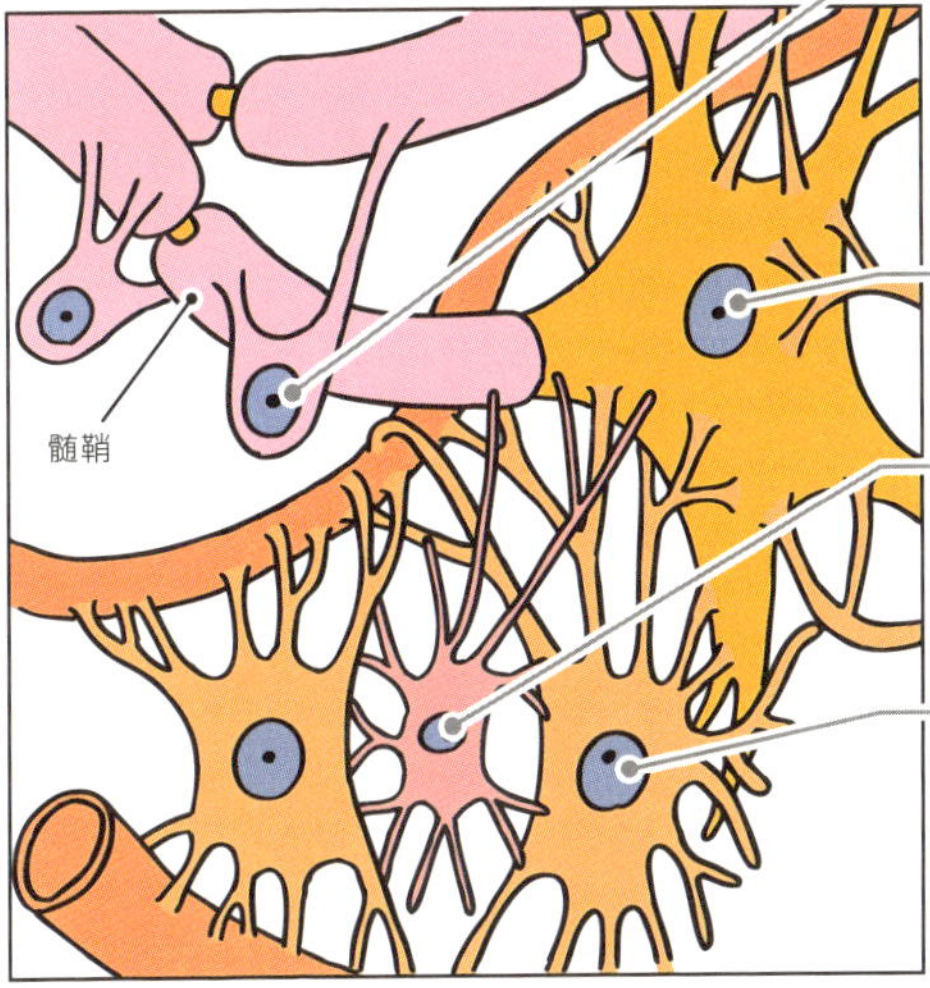

オリゴデンドロサイト
軸索に巻きついて髄鞘をつくる。

ニューロン
情報を伝える。

ミクログリア
損傷などの異常が起きたニューロンを修復する。

アストロサイト
ニューロンに栄養を与えたり、不要なものを片づけたりする。

コカイン

vol.4

ダメ。ゼッタイ。ヒトを滅ぼす恐ろしい麻薬

麻薬の代表格、コカイン。一旦手を出すと、やめられなくなり、徐々に使用量も増える。心身ともに強いダメージを受け、呼吸困難、心臓発作、脳卒中などを引き起こす場合もある。また、体内を虫がはいまわるような感覚に襲われることもある。心もからだもボロボロになってしまうのだ。

コカインが体内に入ると、ニューロン同士をつなぐシナプスを刺激し、神経を興奮させるドーパミンなどの神経伝達物質を大量に出させる。これにより神経が興奮状態に陥るため、精神が高揚して快感を得たり、眠気や疲労感がなくなったりする。

通常、興奮状態になったあとは、気分を落ち着かせる物質が出て、心身のバランスを保つのだが、コカイン摂取によってドーパミンが出続けるため、異常な興奮状態が続く。そのため、休めなくなってしまうなど肉体への悪影響を及ぼすほか、被害妄想を起こすなど精神的な異常も見られるようになる。

ただし、コカインには粘膜の麻酔に効果があるため、医療現場では局所麻酔薬として利用されている一面もあるんだ。

4章

骨や筋肉の細胞

からだを支えたり、動かしたりと、人間の活動において欠かせない骨や筋肉。種類は少なめだが、そのぶん個性的なはたらきを行う細胞たちがいるよ。

骨とは？

骨は、出生時には300個以上あるが、成長とともにくっついていき、成人で200個ほどになる。それらがつなぎ合わさって、からだを支えているんだ。そして骨は、からだを支える以外にも、次の3つの重要なはたらきをしている。

1つ目は臓器を守ること。頭蓋骨は**脳**（➡P.72）を、肋骨は心臓や肺などを、骨盤は**生殖器**（➡P.104）を、というふうに臓器を囲むように存在して、外部からの衝撃から守っているんだ。

2つ目は、カルシウムを蓄えておくこと。骨は体内のカルシウムの97％を貯蔵し、日々出し入れを行っている。カルシウムは、骨を丈夫にしたり、血管を健康に保ったりするはたらきを担っているよ。

3つ目は血液をつくること。骨のなかにある骨髄という場所で、**造血幹細胞**（➡P.28）が**赤血球**や**血小板**、**白血球**といった**血球**（➡P.26）をつくっているんだ。

CHECKPOINT

骨の種類

骨はかたちによっておもに４つの種類に分かれる。“骨”と聞いて多くの人がイメージする左図のような骨は「長骨」といって、大腿骨など四肢に多くみられる縦に長い骨。ほかにも手の平やかかとなどをかたちづくっている短い「短骨」、肩甲骨や頭蓋骨にみられる板状の「扁平骨」、脊椎（背骨）や顎の骨など不規則なかたちをした「不規則骨」がある。

骨の構造

骨質や骨髄のある骨の中央部分を骨幹、軟骨のある骨の両端を骨端と呼ぶ。そして骨全体を骨膜が覆っているんだ。

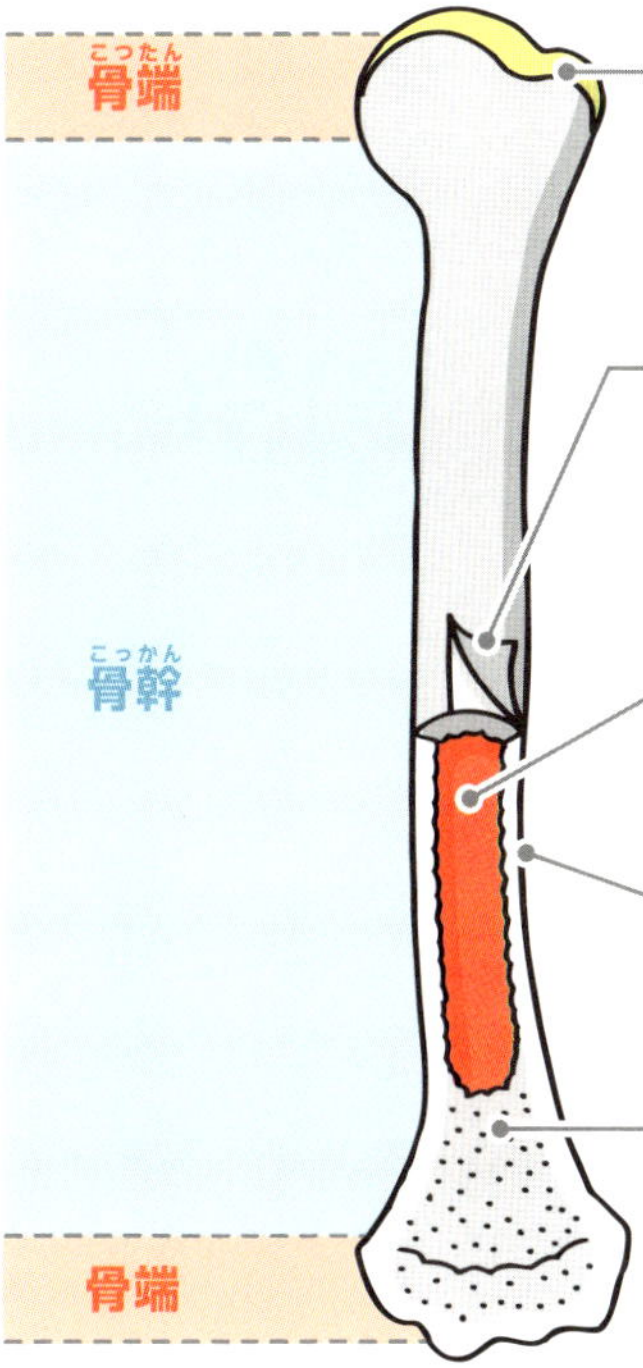

軟骨

関節を覆っている。弾力性があり、骨のクッションのような役割を持つ。

骨膜

骨を包む膜。骨を保護するだけでなく、骨の発育・再生にも関わる。

骨髄

血液がつくられる場所。血液が豊富なので通常は赤い。

骨質

緻密質《ちみつしつ》

骨の細胞が密に存在する、骨の強度を担う部分。とても硬い。

海綿質《かいめんしつ》

骨の細胞が比較的少ない。スポンジのように柔らかく、穴があるため軽い。

コラム　関節

関節とは、骨と骨のつなぎ目にあたる部分のことを指すよ。これがあるおかげで、人間はからだを曲げたり伸ばしたりすることができるんだ。また、関節をかたちづくっているものを靭帯《じんたい》といい、これによって骨と骨が離れないように結びつけられてる。

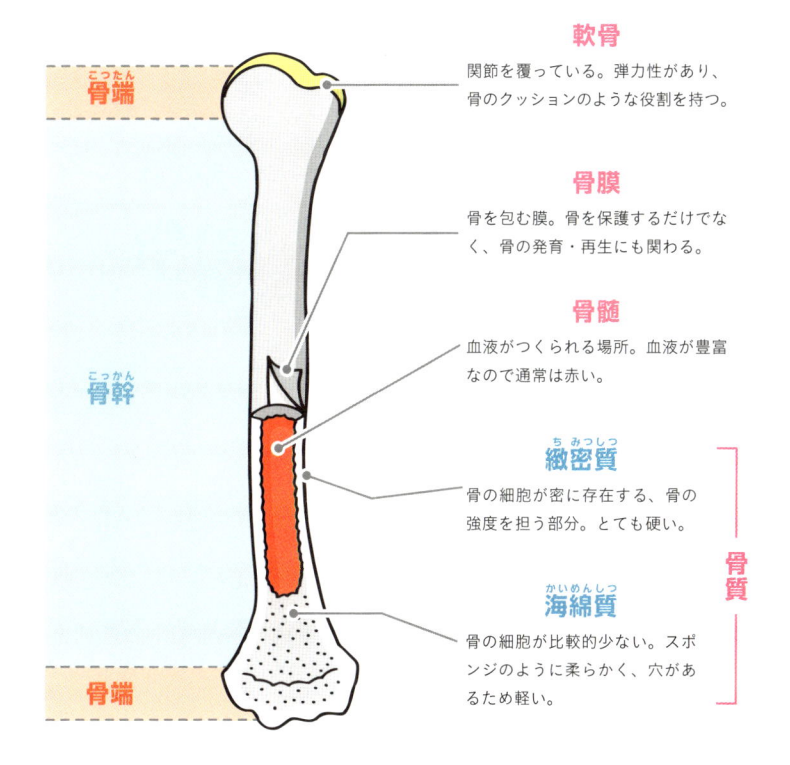

CELL NO.16

骨建築の3大巨匠！

骨の細胞

① 骨芽細胞

骨をつくるはたらきをする。破骨細胞が壊した骨を再生する役割を持つ、骨のもととなる存在。

② 破骨細胞

古くなった骨を酸や酵素を使って溶かし、一時的に壊す。壊した骨は骨芽細胞がつくりなおす。

骨を壊す、つくる、そして守る

人間のからだのなかでは日々、古くなった骨は新しい骨へとつくり替えられている。絶えず「壊す」と「つくる」を繰り返していて、そのバランスによって健康な状態を維持しているんだ。

そのときに重要な役割を担っているのが、**骨芽《こつが》細胞**と**破骨《はこつ》細胞**だ。骨芽細胞はつねに新しい骨をつくり続ける。そして破骨細胞は、古くてもろくなった骨を壊し続けているんだ。全身の骨は、およそ3年でまったく新しいものにつくり替えられるといわれているよ。

一方、**軟骨《なんこつ》細胞**は、コラーゲンなどのタンパク質を分泌して軟骨をつくり、骨を守るはたらきをしている。

3 軟骨細胞

コラーゲンやプロテオグリカンなどのタンパク質を分泌し、骨を守る軟骨をつくるはたらきをする。

骨の成分のおよそ3分の2は無機物で、そのおもな成分はカルシウム。残りの3分の1はコラーゲンが中心だ。コラーゲンが骨に弾力を与えることで、骨を衝撃や損傷から守っている。硬さと軟らかさの両方があることで、いっそう丈夫な骨になるんだ。

やだ～この骨
超古～い
や～ね～
ゴゴゴゴゴ
古い骨は
壊されて…
小さいことから
コツコツと!
コッ
コッ
新しい骨が
つくられる
大事なのは
弾力よね～
ペタ
ペタ
そして
軟骨によって
骨は守られる
ボーーン!
彼らがキミの骨を
担っているんだ
仲良くしてあげて

骨の細胞①

骨芽細胞

懸命にはたらく「骨大工」！

ケガをして損傷したり、**破骨細胞**が壊したりした骨を、新たにつくりなおす「骨大工」としての役割を担うのが、**骨芽細胞**だ。骨芽細胞がどのように骨をつくっていくのか、詳しく見ていこう。

まず骨芽細胞は、骨が壊れた部分に骨のもととなる**コラーゲン**を分泌する。これは、建物でいえば柱に当たるもの。次に、その場所に**アパタイト**という糊のような物質を塗りつけていく。すると、その部分に血液にのって運ばれてきたカルシウムがくっついて、新しい骨ができていくんだ。頑丈なからだをつくるためには、牛乳や小魚などカルシウムを多く含む食べ物をたくさんとらなくちゃいけない、といわれるのは、骨づくりがこのように行われているからなんだ。

なお骨芽細胞の一部は、懸命に骨づくりをしながら、自分がつくっている骨に埋もれていく。やがて骨の一部になり、骨の維持などメンテナンスを行うんだ。

CHECKPOINT

コラーゲン

骨や軟骨のほか、靭帯や腱などを構成するタンパク質のひとつ。人間の体内にあるコラーゲンの総量は、すべてのタンパク質の約30％を占めるほど多いんだ。また、日常生活にもさまざまなかたちで利用されていて、美容目的の医薬品になったり、ゼラチンとしてお菓子の材料などに使われたりしているよ。

骨の細胞②　溶かして壊す「解体屋」！

破骨細胞

頑丈なからだを保つためには、古くてもろくなった骨は、一度壊して新しくつくりなおさなければならない。その、骨を壊す「解体屋」の仕事をするのが**破骨細胞**だ。

ただし、壊すといっても、叩いたり、かじったりして壊すわけではない。破骨細胞は、酸や特殊な酵素を使って骨を溶かするんだ。成人男性の場合、1年で全体の5～10％に当たる骨が、溶かされているとされている。

溶かされた骨は血液に入り、新しい骨の材料になったり、からだが必要とするカルシウム源になったりする。きちんとリサイクルされているんだね。

骨の細胞③　骨を守る「塗装屋さん」！

軟骨細胞

骨の端の部分を覆い、骨を守る緩衝材の役目を果たしている軟骨。ペタペタとペンキを塗るようにその軟骨をつくる「塗装屋さん」として重要なはたらきを行うのが、**軟骨細胞**だ。

軟骨の約80％は水分。それ以外の約20％の部分は**軟骨基質**と呼ばれ、**コラーゲン**や**プロテオグリカン**といったタンパク質でできている。軟骨細胞はこれらのタンパク質を分泌することによって、軟骨づくりを担っているよ。

軟骨細胞の仕事はそれだけではない。ときどき軟骨にタンパク質を与え続けて、軟骨を維持するはたらきも行っているんだ。

筋肉とは？

体重の約40％を占めているのが**筋肉**だ。人間のからだには大小600を超える筋肉が存在している。筋肉は手足などを動かすことだけではなく、心臓や胃腸など内臓も動かすことで、そのはたらきを助けるのも重要な役割なんだ。

人間は、筋肉を伸縮することでからだを動かしている。たとえば腕を曲げるときは、二の腕の上部についている筋肉を縮ませて、肘の先についた骨を引っ張ることで曲げている。輪ゴムを伸ばすと細く、縮めると太くなるように、筋肉も縮ませたぶんだけ太くなるんだ。そのようにしてできるのがいわゆる力こぶと呼ばれるもの。

筋肉は、細長い**筋線維束**《きんせんいそく》が集まってできている。その筋線維束も、**筋線維**《きんせんい》といわれる細胞が集まったかたまりだ。筋肉は大別すると**骨格筋**、**心筋**、**平滑筋**の3つの種類に分けられるが、それぞれの筋線維を**骨格筋細胞**、**心筋細胞**、**平滑筋細胞**と呼ぶよ。

そしてこの筋線維は**筋原線維**という細胞小器官（➡P.18）でできている。

コラム

腱

腱とは、骨格筋の両端にあって、筋肉を骨にくっつける役割を果たしている強力な線維の束のこと。代表的なものにアキレス腱があり、これは人体のなかでは最大。腱のかたちは筋肉の種類によって異なる。腱はとても丈夫で切れることは少ないが、骨とくっついている部分がはがれることもしばしばあるんだ。

筋肉（骨格筋）の構造

筋肉は筋線維束の集まりで、筋線維束は筋線維の集まりだ。骨格筋は骨がつくった関節に力をはたらかせているよ。

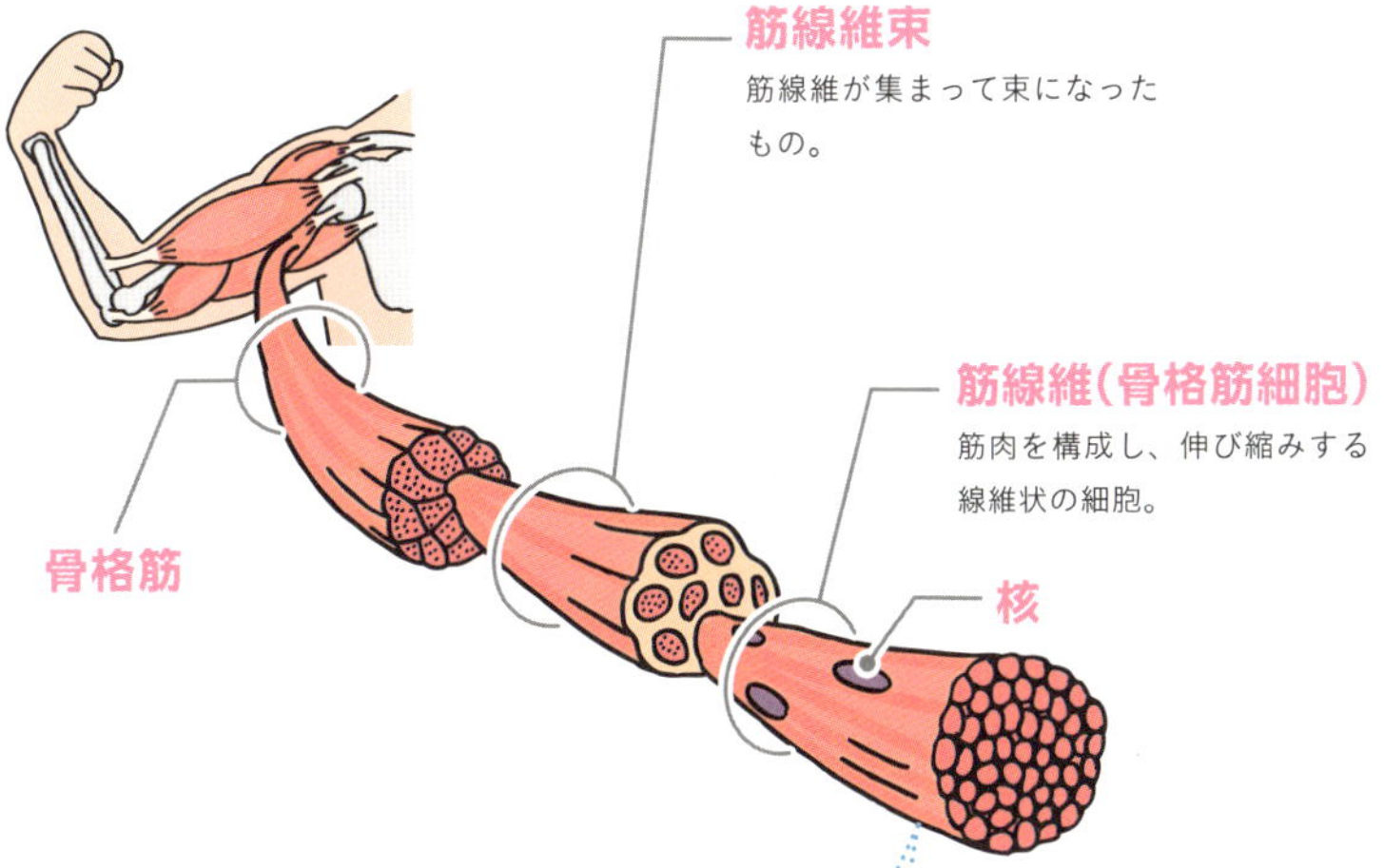

筋線維束
筋線維が集まって束になったもの。
筋線維（骨格筋細胞）
筋肉を構成し、伸び縮みする線維状の細胞。
核
骨格筋

・筋線維（骨格筋細胞）の構造

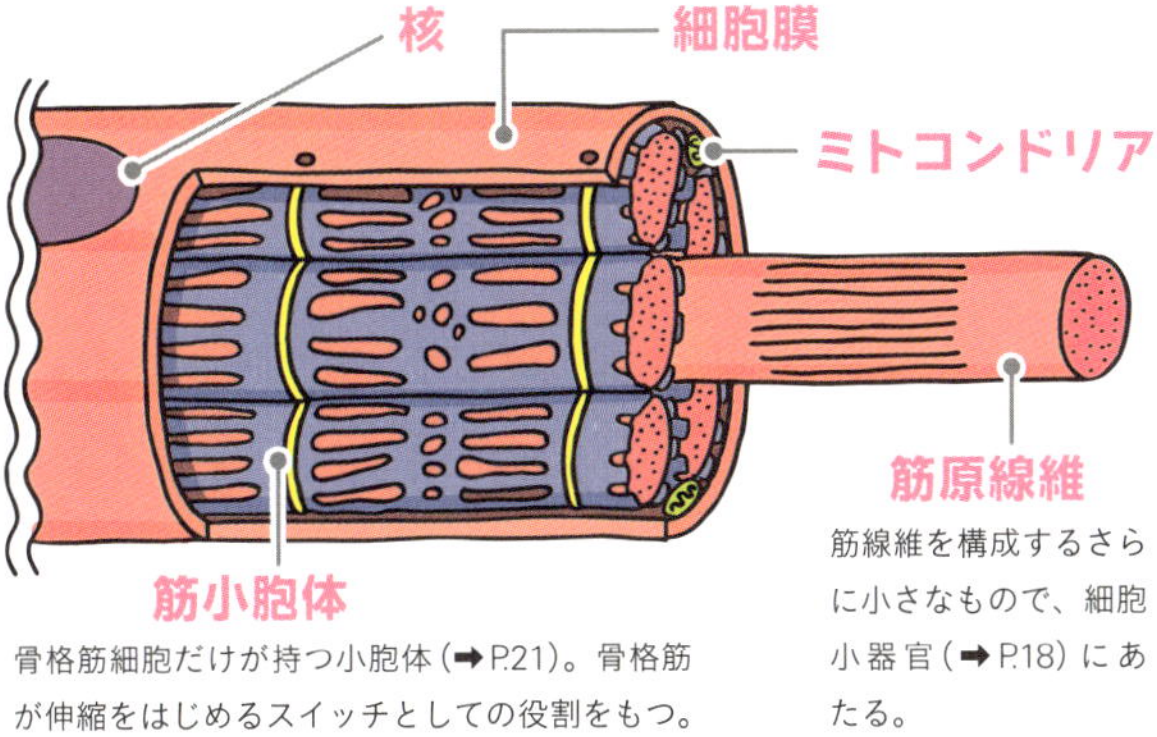

核
細胞膜
ミトコンドリア
筋原線維
筋線維を構成するさらに小さなもので、細胞小器官（➡P.18）にあたる。
筋小胞体
骨格筋細胞だけが持つ小胞体（➡P.21）。骨格筋が伸縮をはじめるスイッチとしての役割をもつ。

CELL NO.17

マッスル3人組！

筋肉の細胞

① 骨格筋細胞

運動神経から指令を受けて骨格筋を動かす。多数の核があり巨大で、筋トレによって大きくなる。

② 心筋細胞

心臓を支え、生まれてから死ぬまで、命ある限り動き続ける。そのため、大量のエネルギーを消費する。

筋肉は大きく分けて3種類

筋肉には、**骨格筋**、**心筋**、**平滑筋**の3種類があり、それぞれが異なった細胞で成り立っている。

骨格筋は骨格にくっついて、手足などからだを動かす筋肉。その骨格筋にいるのが**骨格筋細胞**なんだ。中枢神経からの指令を受けて、手や足のほか、首や指などを動かすはたらきをする。

心臓の壁をつくり、動かしているのが心筋で、そこにいるのが**心筋細胞**。生まれてから死ぬまでつねに動き続ける心臓のはたらきを支えている。

そして内臓をかたちづくるのが平滑筋で、**平滑筋細胞**でできている。消化の機能を助けたりなど、内臓のはたらきを担っている。

ちなみに手や足などは自分の意志で動かすことが

大事なのは効率！
ググググ…
プル
プル
動いてないけど…
be quiet
リズムが乱れ……
ゴロン
あぁあ!!
え
大丈夫!?
ゆっくりやろう…
イテテ…
ポリ
ポリ
……
私の筋肉ヤバくない？
それはキミが普段から怠惰な生活をしているからなのでは…

③ 平滑筋細胞

自律神経から指令を受けてゆっくりと徐々にはたらき、内臓や血管を動かす役割を持つ。

できるけど、内臓は自由に止めたり、動かしたりできないよね。このように自分の意志で動かせる筋肉を**随意筋**《ずいいきん》、反対に自分の意志では動かせない筋肉を**不随意筋**《ふずいいきん》と呼ぶ。骨格筋だけが随意筋で、それ以外の心筋、平滑筋は不随意筋なんだ。

筋肉の細胞①

骨につく「筋肉つくり隊」！

骨格筋細胞

骨格筋細胞は、骨にくっつくようなかたちで骨格筋に存在し、筋肉をつくったり、動かしたりしている。1つの細胞なのに、成人の男性なら10㎝以上のものもあるほど長いんだ。また、1つの細胞に対して5～20個と多くの**核**（⬇P.19）を持つことも特徴だ。

骨格筋細胞には、白っぽく見える**白筋**《はっきん》と、赤っぽく見える**赤筋**《せっきん》の2種類ある。白筋は瞬発的に大きな力を出すことが得意だが疲れやすい。たとえるなら、短距離ランナータイプ。対して赤筋は、長距離ランナータイプ。力は弱いが長時間動き続けることが得意で疲れにくいんだ。

筋肉の細胞②

リズムを刻む「ビートメーカー」！

心筋細胞

心臓の壁をつくり、心臓を支えている心筋のはたらきを担っているのが、**心筋細胞**だ。

大量のエネルギーを消費するため、とてもたくさんの**ミトコンドリア**を持っているのが特徴だ。アルファベットのXやYのようなかたちに枝分かれしていて、細胞同士が網のようにつながっているよ。

心筋細胞にはちょっと特殊な**ペースメーカー細胞**と呼ばれるものがある。右心房（⬇P.33）だけにあり、指令がなくても勝手に拍動を起こす「ビートメーカー」。心臓の〝ドキドキ〟を生み出すはたらきをしているんだ。

筋肉の細胞③ マイペースな「自由筋《じゆうじん》」！

平滑筋細胞

心臓以外の内臓の壁をつくっているのが**平滑筋細胞**だ。自分の意志で動かすことはできないが、健康なからだを保つためにつねにはたらき続けてくれている。たとえば、胃で消化された食べ物を動かして腸へと運び、便として排泄させるように促すことも役割だ。内臓のはたらきには、平滑筋が欠かせない。動きがとてもゆっくりなのも特徴のひとつだね。

平滑筋細胞はまんなかが太く、両端にいくにつれて細くなるだ円形のようなかたちをしている。内臓の筋肉というとイメージしづらいかもしれないが、たとえば焼肉のハラミやホルモン、二枚貝の貝柱も平滑筋の一種だ。

筋肉の種類

筋肉の種類によって、そこに存在する細胞の種類も違い、特徴もさまざまなんだ。

筋肉の種類		はたらき	特徴
骨格筋	随意筋	骨格をつくったり、動かしたりする	横しま（横紋）があり、骨格筋細胞からできている。収縮は速く、力も強いが、疲労しやすい。
心筋	不随意筋	心臓の壁をつくる	横しま（横紋）があり、心筋細胞からできている。収縮（拍動）を繰り返しても疲労は少ない。
平滑筋	不随意筋	内臓の壁をつくる	平滑筋細胞からできている。収縮はゆるやかで、力は弱いが、疲労しにくい。

筋肉痛

vol.5

強くなるために必要な試練、それが筋肉痛だ！

激しい運動をしたあと、やってくる筋肉の痛み…。筋肉痛は、きっと誰もが経験したことがあるだろう。そんな筋肉痛は、正式には「遅発性筋痛《ちはっせいきんつう》」という。

激しい運動をすると、骨格筋細胞にミクロの傷がつく。するとその傷を治そうと、白血球が集まってくるのだが、そのとき、プロスタグランジンなど知覚神経を刺激する物質がつくられ、痛みを感じるんだ。筋肉が痛いのは、修復されている証拠。そして筋肉痛から回復すると、傷ついた骨格筋細胞は以前より少し太く、丈夫になる。つまり、定期的に筋肉が少し痛む程度の運動をすれば、筋肉は少しずつ鍛えられるというわけなんだ。

筋肉痛が起こる意外な原因のひとつとして水分の不足があげられる。運動で汗をかいたぶんの水分が失われ、血流が悪くなる。すると、運動により負荷がかかった部分の筋肉が凝ったように固くなり、痛みを感じるんだ。だから、筋肉痛の予防として水分補給をするのがオススメ。一度に大量に飲むよりも、コップ1杯（200㎖）程度をこまめに飲むほうがよいといわれているよ。

5章

内臓の細胞

栄養源を消化・吸収したり、不要なものを排出したりと、人間が生命を維持するために欠かせない内臓。そんな内臓の重要なはたらきを担う細胞たちを紹介しよう。

内臓とは？

内臓とは、頭や手足などを除く胴体のなかにある器官の総称。間違われることが多いが、「臓器」とは少し意味合いが異なる。内臓は**消化器**や**呼吸器**、**泌尿器**、**内分泌器**、**生殖器**（⬇P.104）などに分けられ、それぞれが生命の維持を担う役割を持っている。

消化器はおもに食べ物などを分解するはたらきと、その栄養素を取り込むはたらきを担い、胃や腸、肝臓、胆のう、すい臓などがある。呼吸器は呼吸をするための器官で、肺を中心に咽頭や気管などがある。泌尿器は尿をつくり出してからだの外へ排出するためのもので、腎臓や膀胱などが含まれる。ホルモン（⬇P.101）を分泌する内分泌器には甲状腺などがあり、生殖器は文字通り遺伝子を残す生殖のはたらきを担っている。

そして、内臓にはそれぞれ、重要な役割を果たす細胞たちが存在している。とてもすべては紹介しきれないが……この章ではなかでも特徴的な、**脾臓**《ひぞう》（※1）、**肝臓**、**すい臓**ではたらく細胞たちを紹介しよう。

コラム 内臓と臓器の違い

内臓はからだ（胴体）のなかにある器官のことを指し、臓器はからだの外側にある皮膚などの器官も含まれる。つまり臓器は体内、体外問わず人体のパーツすべてを指す言葉で、内臓よりも意味が広いんだ。

（※1）循環器に分類される

内臓の構成

内臓とは、消化器・呼吸器・泌尿器・内分泌器・生殖器などの器官。それぞれが生命を維持するための重要なはたらきを担っている。

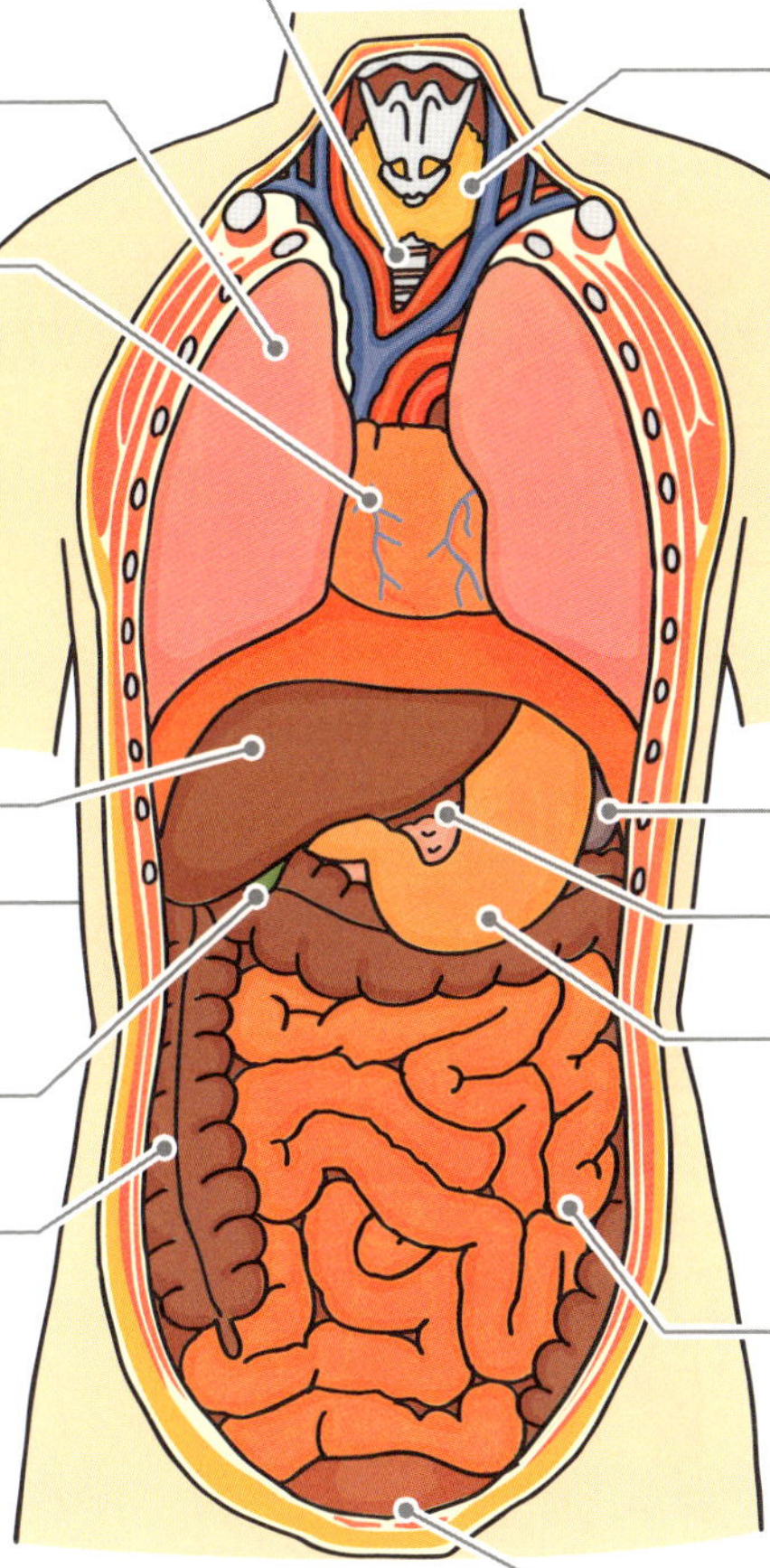

（※2）肝臓の真下に位置する。からだの背面にあるため、この図では表していない。

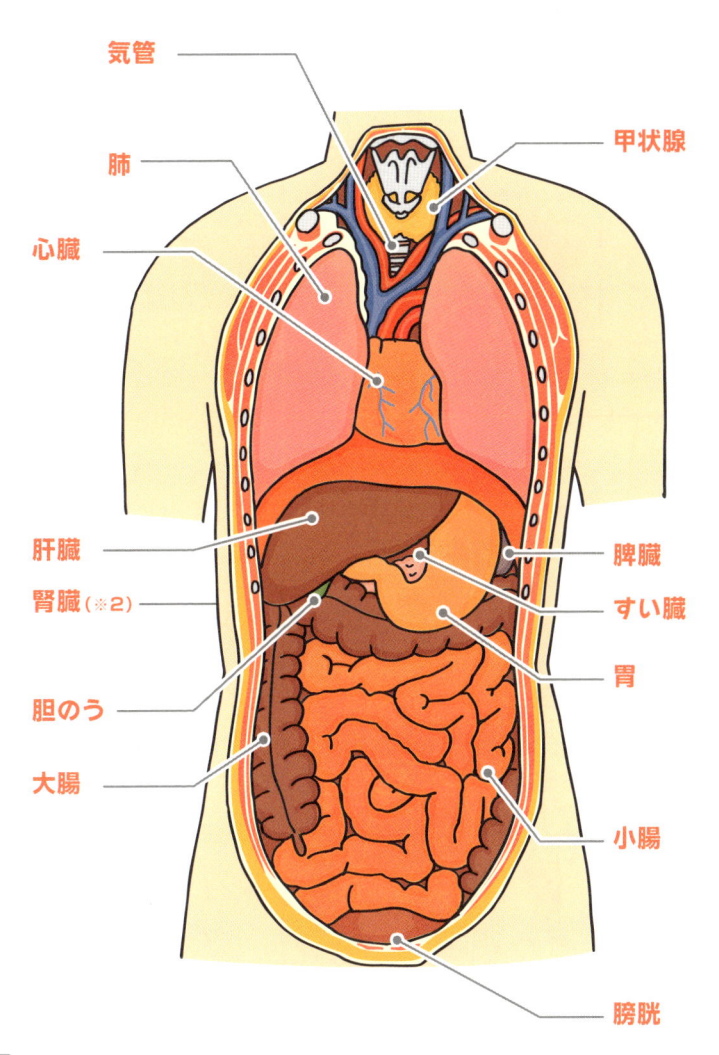

CELL NO.18

リンパ球の「育て屋」！
脾臓細胞

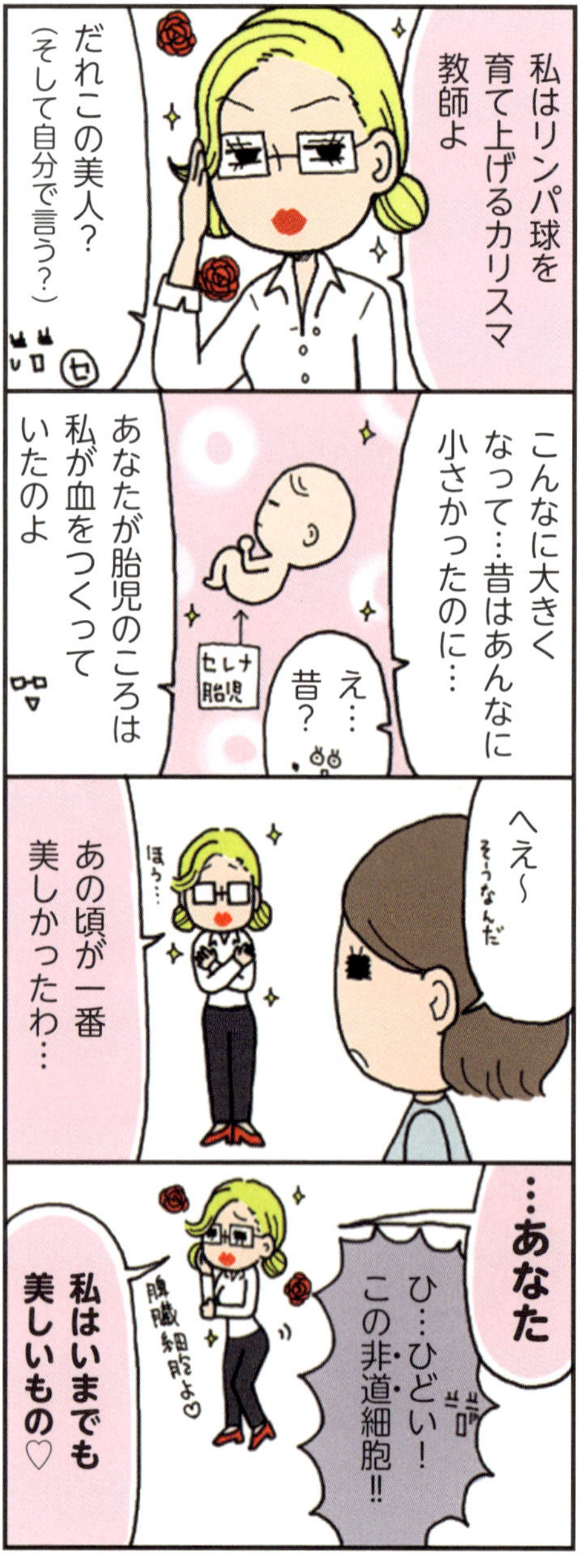
私はリンパ球を育て上げるカリスマ教師よ
だれこの美人？（そして自分で言う？）
こんなに大きくなって…昔はあんなに小さかったのに…
え…昔？
セレナ胎児
あなたが胎児のころは私が血をつくっていたのよ
へえ～
そうなんだ
ほう…
あの頃が一番美しかったわ…
…あなた
ひ…ひどい！この非道細胞!!
脾臓細胞よ♡
私はいつまでも美しいもの♡

脾臓でリンパ球を育てることがおもなはたらき。古くなった赤血球を分解して肝臓に送ることも仕事のひとつ。

脾臓内でリンパ球を育てる

脾臓がどこにあるどのくらいの大きさのもので、どんなはたらきを担っているのか、パッといえる人は少ないかもしれない。食事のあとに走ったら、左のわき腹が痛くなったことはあるかな？　実はそこが脾臓。脾臓は左わき腹のところにあり、大きさはやや厚いコロッケくらい。重さは80～150g程度。大きめのものは、硬式野球のボールくらいの重さなんだ。

脾臓のさまざまなはたらきを担っているのが**脾臓細胞**だ。その最も特徴的なはたらきといえば、**T細胞**（➡P.54）や**B細胞**（➡P.60）などの**リンパ球**を育てること。脾臓のなかには、**リンパ小節**と呼ばれる学校のような場所がある。脾臓細胞はそこで、免疫のはたらきを担う立派な細胞にすべく、リンパ球たちを育てているんだ。ここでは、実際に侵入してきた細菌やウイルスなどの異物の排除もしばしば行われている。

また、胎児の血液をつくるのも重要な役目。血液についてはほかにも、古くなって充分にはたらけなくなった**赤血球**（➡P.30）を分解したり、**血小板**（➡P.34）を供給したりしているよ。血小板に関しては、全体の約3分の1が脾臓に蓄えられているんだ。

CHECKPOINT

ビリルビン

老化した赤血球のヘモグロビンが、脾臓などで分解されることによってつくられる物質。これが肝臓へと運ばれ、腸内で変化し、そのほとんどが尿や便のもとになる。このビリルビンの濃度が体内で高まると生じてしまうのが、眼球や皮膚などの器官や尿などが黄色く染まってしまう「黄疸《おうだん》」という病気なんだ。

CELL NO.19

肝細胞

てんてこ舞いの「家政婦」!?

肝細胞は栄養の管理に
有害物質の掃除
エネルギーづくりと
大忙しなんだ
代謝
ビタミン
鉄
鉄
鉄
アルコール
ビリルビン
グリコーゲン
←脂肪
なんか手伝う？
ではこれを胆汁に混ぜてください
ありがとうございます♡
ビリルビン
なにこれ
それはうんこになります
ビリルビン
ギャ〜〜
さわっちゃった〜
ちょっとなにすんのよ！
あなたが食べすぎたり飲みすぎたりするからこんなに忙しくなってるんですよ!!
ぐぬぬぬ…
たしかに…

物質の代謝や有害物質の分解など、肝臓の代表的な機能を一手に引き受ける大忙しの細胞。

肝臓のはたらきを一手に引き受ける

肝臓は人体のなかでとても大きな臓器で、重さは約1.2〜1.5kgもある。肝臓は人間が生きるために必要な数多くの機能を担っていて、そのはたらきを一手に引き受けているのが、**肝細胞**だ。その代表的なはたらきを2つ紹介しよう。

1つ目は、栄養などをエネルギーに変えるはたらき。人間は活動するためのエネルギーを食べ物からとる。エネルギーになる**グルコース**（ブドウ糖）は腸で吸収されたあと、肝臓へと送られる。肝細胞は送られてきたグルコースを、**グリコーゲン**という物質に変えて肝臓に保管する。そして、いざエネルギーが必要になったときにグリコーゲンを再びグルコースに戻して、血管を通して必要な場所に送り出すんだ。肝細胞は、エネルギーを変換して、貯蔵して、発送して…と、これだけでも大変な仕事だね。

そして2つ目は、不要な物質を処理するはたらき。体内で不要な物質は排泄されるが、尿として捨てられない物質を胆汁として腸に送り出したり、アルコールなどの有害物質を分解して無害化したりしている。人間が食べたり、飲んだり、からだを動かしたりするたびに、肝細胞は大忙し。いつもてんてこ舞いではたらいているというわけだ。

コラム　アルコール性脂肪肝

肝臓に脂肪が異常なほど（肝細胞の体積の半分以上）たまってしまっている状態のこと。暴飲暴食などによるアルコールや糖分の過剰摂取や、過激なダイエットなどが原因の生活習慣病のひとつ。進行すると肝細胞が破壊され、肝臓が硬く変化する「肝硬変」という病気に移行してしまうことも。

CELL NO.20

α細胞・β細胞

血糖値調整の「立役者」！

すい臓でα細胞（左）はグルカゴン、β細胞（右）はインスリンというホルモンを分泌し、血糖値を調整する。

ホルモンを分泌して血糖値を調整する

　胃の裏側にあり、長さ約15～20㎝の細長いかたちをしているすい臓。その重要なはたらきに、**血糖値**の調節がある。血糖値とは、血液中の**グルコース**(ブドウ糖)の濃度のこと。これが高すぎると、糖尿病(➡P.102)や心筋梗塞など、深刻な病気になってしまうことがある。逆に低すぎても、頭痛やめまい、ふるえなどの症状につながっていく。そのため、つねにちょうどよい数値を保っておく必要があるのだが、その仕事を担っているのが、**α《アルファ》細胞**と**β《ベータ》細胞**なんだ。

　すい臓にある、**ランゲルハンス島**と呼ばれる場所。そこにはさまざまなホルモンを分泌する細胞たちが、島々のように点々と存在している。α細胞もβ細胞も、ここで血糖値を調整する仕事をしているんだ。

　血糖値が低くなったときはα細胞の出番。血糖値を上げる効果のある**グルカゴン**というホルモンを分泌する。そして反対に血糖値が高くなったときはβ細胞の出番で、血糖値を下げる**インスリン**というホルモンを分泌するんだ。ちょっと食べすぎただけでも血糖値は上がり、β細胞は慌ててインスリンを分泌する。この2つの細胞の負担を減らすためには、生活習慣を見直すことが大切だ!

CHECKPOINT

ホルモン

ホルモンとは、からだのさまざまなはたらきを調節する化学物質のことで、100種類以上が確認されている。からだのあちこちにある内分泌腺(甲状腺や副甲状腺、脳下垂体、副腎、生殖腺、すい臓など)から分泌されていて、種類も豊富だ。たとえば副腎から分泌され、ストレス反応にはたらきかけるアドレナリンも、ホルモンの一種。

糖尿病

vol.6

重くなると怖い糖尿病 そのカギを握るβ細胞

血液中を流れるグルコース（ブドウ糖）の濃度、すなわち血糖値が高くなって起こる病気、それが糖尿病だ。通常は、すい臓にあるβ細胞が、インスリンというホルモンを分泌して血糖値を下げてくれるのだが、食べすぎ、飲みすぎなど暴飲暴食が続くと、インスリンの量が少なくなったり、うまく効かなくなったりして、糖尿病になってしまう場合がある。なにしろ食べすぎと運動不足で脂肪がたまった人の場合、必要なインスリン量は通常の数倍になるというから、β細胞がそれに対応できなくなるのも当然といえば当然なんだ。

糖尿病は、症状が軽いときはのどが乾いたり、トイレが近くなったり、疲れやすくなったりする程度だが、重くなると血管が傷つき、心臓病になったり、失明したり、足を切断するような事態に陥ってしまうこともある恐ろしい病気だ。

糖尿病には遺伝が原因で起こるものもあるけれど、それ以外なら予防も可能。なにより正しい食生活をすることが大切だ。インスリンの出しすぎでβ細胞を疲れさせないようにしたいね。

6章

生殖器の細胞

親から子へ遺伝情報を伝え、子孫を残すという重要な役割を担う生殖器。男性、女性それぞれが特有の細胞を持ち、細胞同士が深く関わりながら複雑な機能を果たしている。

生殖器とは？

生殖器とは、簡単にいえば、子孫を残すための器官。ほかの器官とは異なり、男性と女性で大きく違うはたらきを持っている。ただし、その構造は男女で共通していて、大きく3つに分けられる。**生殖細胞**をつくる**生殖腺**、つくられた生殖細胞を運ぶ**生殖管**、それらのはたらきを支える**分泌腺**だ。

男性の生殖細胞は**精子**(⬇P.106)だ。生殖腺である精巣という場所でつくられ、精《せい》巣上体管《そうじょうたいかん》や精管といった生殖管を通って運ばれる。そして分泌腺である精嚢《せいのう》と前立腺が精子に精液を加えて、精子は体外へと放出される。これが射精だ。

女性の生殖細胞である**卵子**(⬇P.108)は、卵巣という生殖腺でつくられる。卵子が卵巣から飛び出ることを排卵といい、およそ4週に一度行われる。排卵のあと、卵子は生殖管である卵管を通って子宮へと運ばれていく。そこで精子と出会って受精すれば、受精卵として子宮の粘膜にくっつく(着床)。これにより「妊娠した」ことになる。

CHECKPOINT

受精

精子が卵子のなかに入り込んで受精し、細胞分裂によって成長することができる状態になること。受精した卵子は「受精卵」と呼ばれる。受精卵は子宮へと移動し、子宮の粘膜に着床、細胞分裂によって成長していく。やがて個体になるまでの状態を胚といい、受精後およそ8週目以降になると、胚は「胎児」と呼ばれる。

男性生殖器

精子は精巣でつくられ、精巣上体管→精管を通って運ばれ、精嚢と前立腺で整えられて射精される。

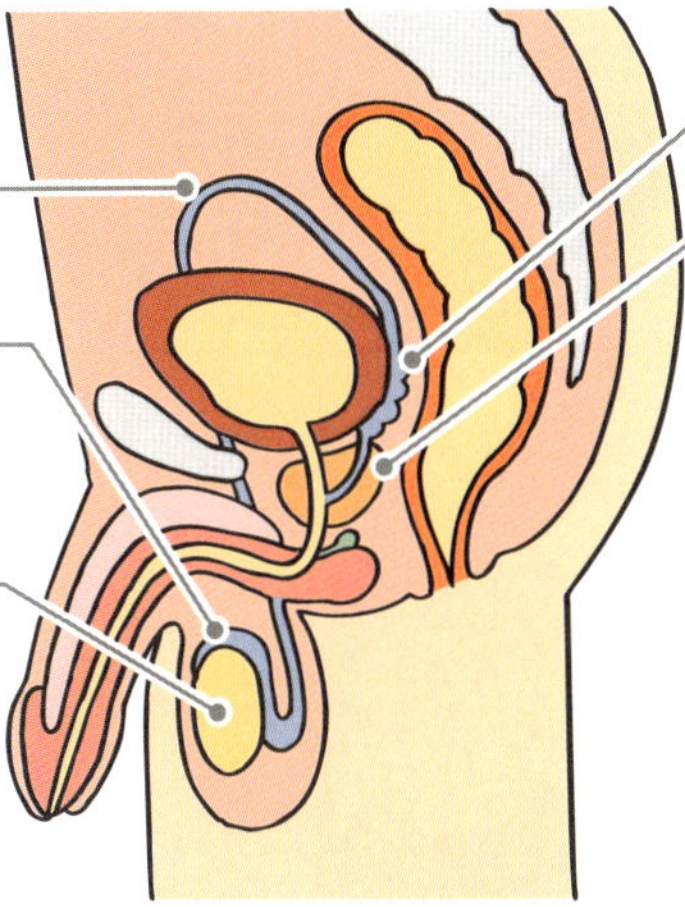

女性生殖器

卵子は卵巣でつくられて、一度卵管で受け止められたのちに子宮へと運ばれていく。

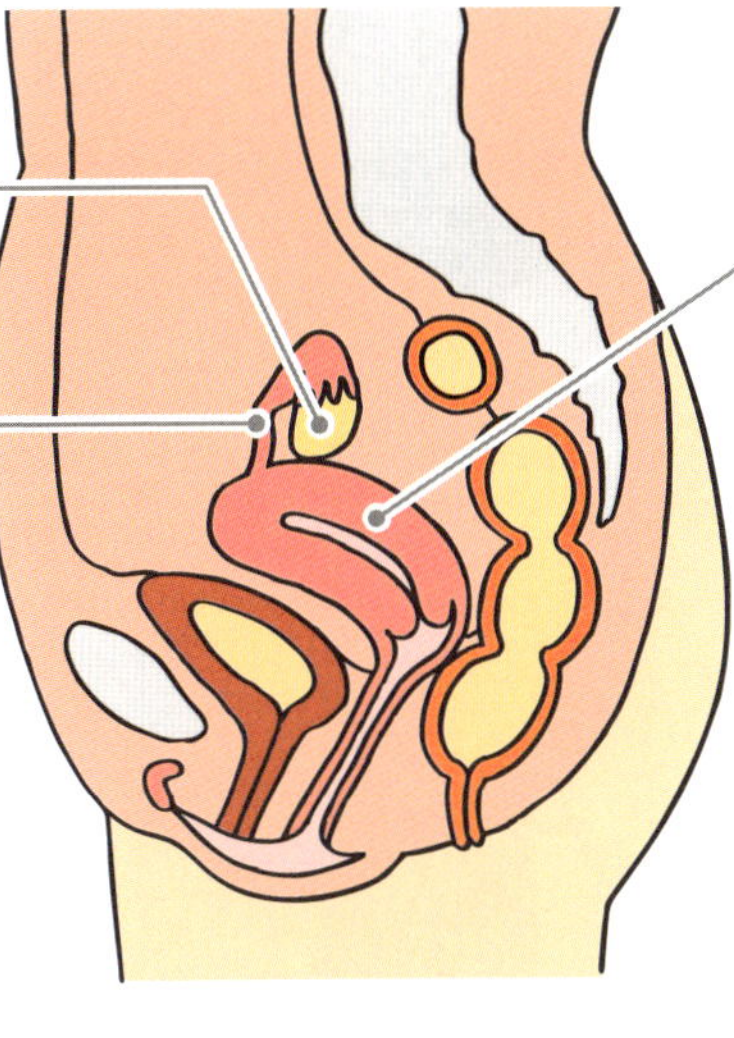

CELL NO.21

精子

イケメンは「激レア」？

約3億前後の相手との
生存競争に競り勝つ
強さを持ち
うん！
まっすぐ突き進む
素直な性格で
うんうん！
しかも運動神経が
良い
まさに
理想のタイプ
いつ現れること
やら…
フゥ…
……

卵子と出会って受精卵をつくり、遺伝子を伝えることが役目。おたまじゃくしのようなかたちをしている。

数億分の1のゴールを目指す

人間の場合、1回の射精に含まれる**精子**の数は、2〜3億以上といわれている。それらが**卵子**（⬇P.108）と出会うために、子宮に向かってまっすぐ突き進むが……。まず卵子との出会いの場所である卵管にまでたどり着けるのは、多くてもわずか1000程度だけ。さらに卵子と出会えるのはたった1つ。それ以外はみんな死んでしまうんだ。

精子は、**精原《せいげん》細胞**というものからつくられていく。精巣のなかで栄養を与えられながら**一次《いちじ》精母《せいぼ》細胞**、**二次精母細胞**、**精細胞**を経て、やがて精子になるんだ。ちなみに精巣は最大で10億ほどの精子をためることができるよ。

人間の精子のかたちは、おたまじゃくしに似ている（⬇P.110）。長さは約5㎛で、頭部、中片部、尾部に分かれている。頭部の大部分は、**DNA**が含まれている**核**（P.19）だ。中片部にはエネルギーを生み出す**ミトコンドリア**（P.20）がある。尾部は鞭毛《べんもう》という長い尻尾のようなかたちをしていて、これを使って勢いよく卵子に向かって泳ぐ。でも実際は1分間で3㎜ほどしか動けない。そのため、射精されてから卵管で卵子と出会うまでに2時間ほどかかることも。また、射精された精子は外界の環境では数時間しかで生きられないが、子宮や卵管などのなかなら、数日間ほど生きられるんだ。

CHECKPOINT

精子の数

精子の数が少ないと男性不妊症となる場合がある。男性不妊症とは、原因が男性にある不妊症のこと。そのうち約80％は精子が正常につくられないことが原因なんだ。精子の数は精液1mLに2000万以上あれば正常といわれていて、1500万未満だと「乏精子症」、まったくないと「無精子症」と診断されることが一般的だ。

CELL NO.22

卵子

浮き沈みの激しい「繊細さん」！

今回こそイケメンと♡♡♡
つるん
肌の調子がいいわ♡
排卵期
あぁぁあ イライラする～
なんか…心も からだも不安定…
黄体期
今月もイケメン こなかったし!!
うぅ…殴られた ような痛みが…
月経期
てへ☆
…とまあ毎日こんな 感じよ。ごめんね
こ… こちらこそ…

精子と出会って受精卵となることが役目。およそ4週に一度卵巣から出て、子宮へと向かいながら精子を待つ。

排卵から受精、そして着床へ

卵子は、卵巣で**卵原細胞**からつくられる。その卵原細胞は、女性がまだ胎児のころに700万個ほどつくられるが、それ以降あらたにつくられることはない。その数はどんどん減っていくだけなんだ。生まれたばかりの時点ですでにおよそ100万個にまで減っており、思春期には10万個、熟年期で1000個。やがてほぼ消失して排卵が行われなくなり、月経が完全に停止する。これが閉経だ。

卵原細胞は、出生時には**一次卵母細胞**と呼ばれる状態になる。その後、思春期になって月経がはじまり、**二次卵母細胞**となると排卵が起きる。その後、**精子**（➡P.106）と出会えれば**受精卵**となるが、叶わなかった場合は死んでしまうんだ。

ちなみに月経が始まった日から、次の月経までのおよそ4週間を月経周期という。月経周期は月経期、卵胞期、排卵期、黄体期の4つに分けられ、月経期は子宮内膜がはがれ落ちて血液とともに排出される、いわゆる生理の期間。お腹や腰の痛み、吐き気、イライラ、頭痛、貧血、だるさ、肌あれなどの症状がおきやすい時期だ。卵胞期は排卵が起きるまで、排卵期は排卵が起きて黄体がつくられるまで、黄体期は子宮内膜が着床の準備をしている期間のこと。

CHECKPOINT

黄体

排卵のあとの二次卵母細胞（➡P.111）からできる黄色い組織のこと。妊娠すると黄体は大きくなり、黄体ホルモンというものを分泌することによって、妊娠や、妊娠を維持することの調整を行っているんだ。もし妊娠が起こらなかった場合、黄体は急速に退化して白くなり、白体と呼ばれる組織になって、やがて死んでしまう。

精子のなりたち

精子は精巣のなかで、精原細胞→一次精母細胞→二次精母細胞→精細胞という過程を経てつくられるんだ。

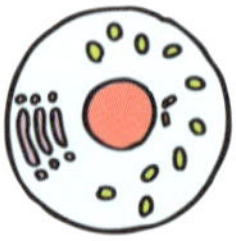

1 精原細胞

精子ができるもととなる細胞。細胞分裂によって一生増殖し続ける。

↓

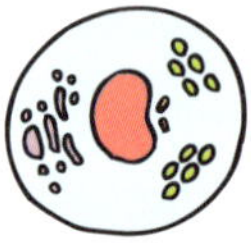

2 一次精母細胞

思春期になると、増殖した精原細胞の一部が一次精母細胞になる。

↓

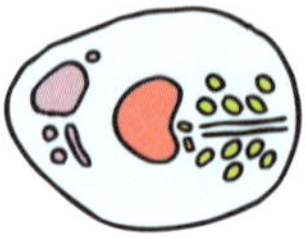

3 二次精母細胞

一次精母細胞が分裂して二次精母細胞になる。この状態は精娘《せいじょう》細胞とも呼ばれる。

↓

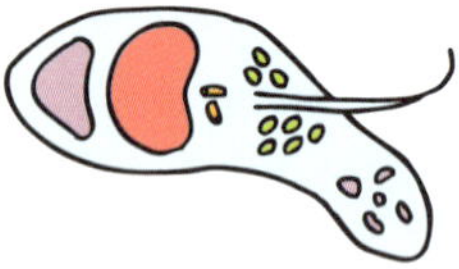

4 精細胞

二次精母細胞が分裂して、精子になる前の段階。だんだん精子のかたちになってきている。

↓

5 精子

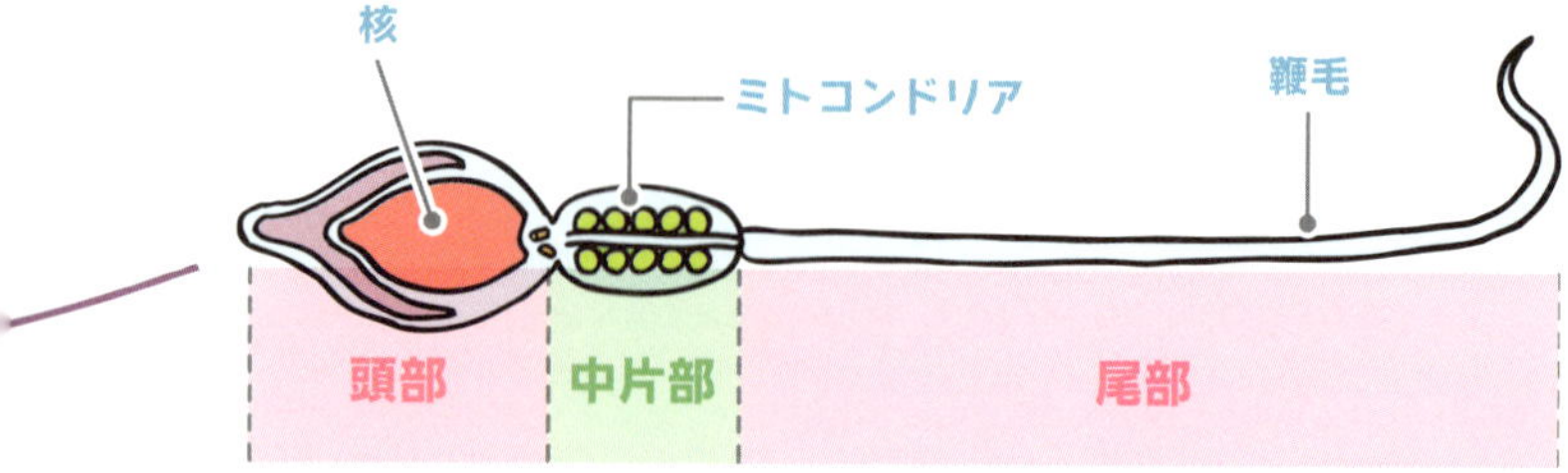

卵子のなりたち

卵子は卵巣のなかで、卵原細胞→一次卵母細胞→二次卵母細胞という過程を経てつくられるんだ。

1 卵原細胞

卵子ができるもととなる細胞。胎児期に700万個ほどつくられる。

2 一次卵母細胞

卵原細胞の一部は出生時までに一次卵母細胞となり、思春期まではこの状態のまま過ごす。

3 二次卵母細胞

初潮を迎えたあと、一次卵母細胞の一部が分裂を開始。このころに排卵が起こる。

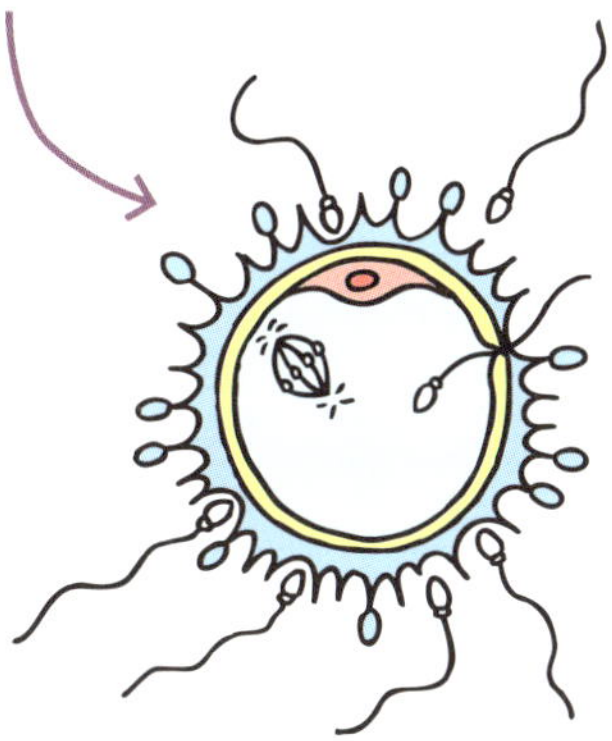

受精（卵子）

精子が二次卵母細胞のなかに入り込む（受精）。受精卵になることで、本来の「卵子」と呼ばれる状態に。

ヒトの発生

受精卵は細胞分裂を繰り返しながら、受精してから約6〜7日目には着床する。その後、およそ8週目以降になると胎児と呼ばれる状態になるんだ。

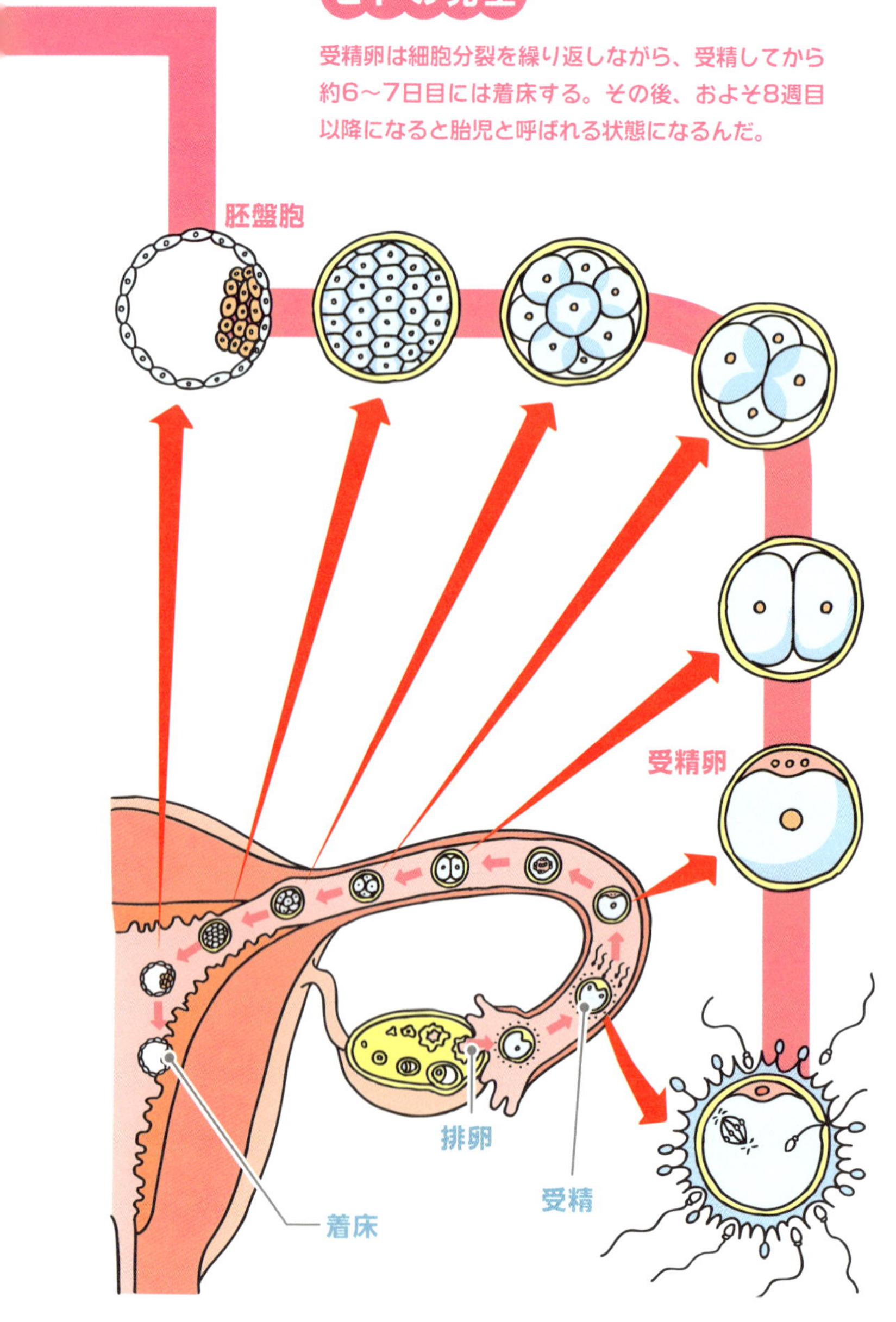

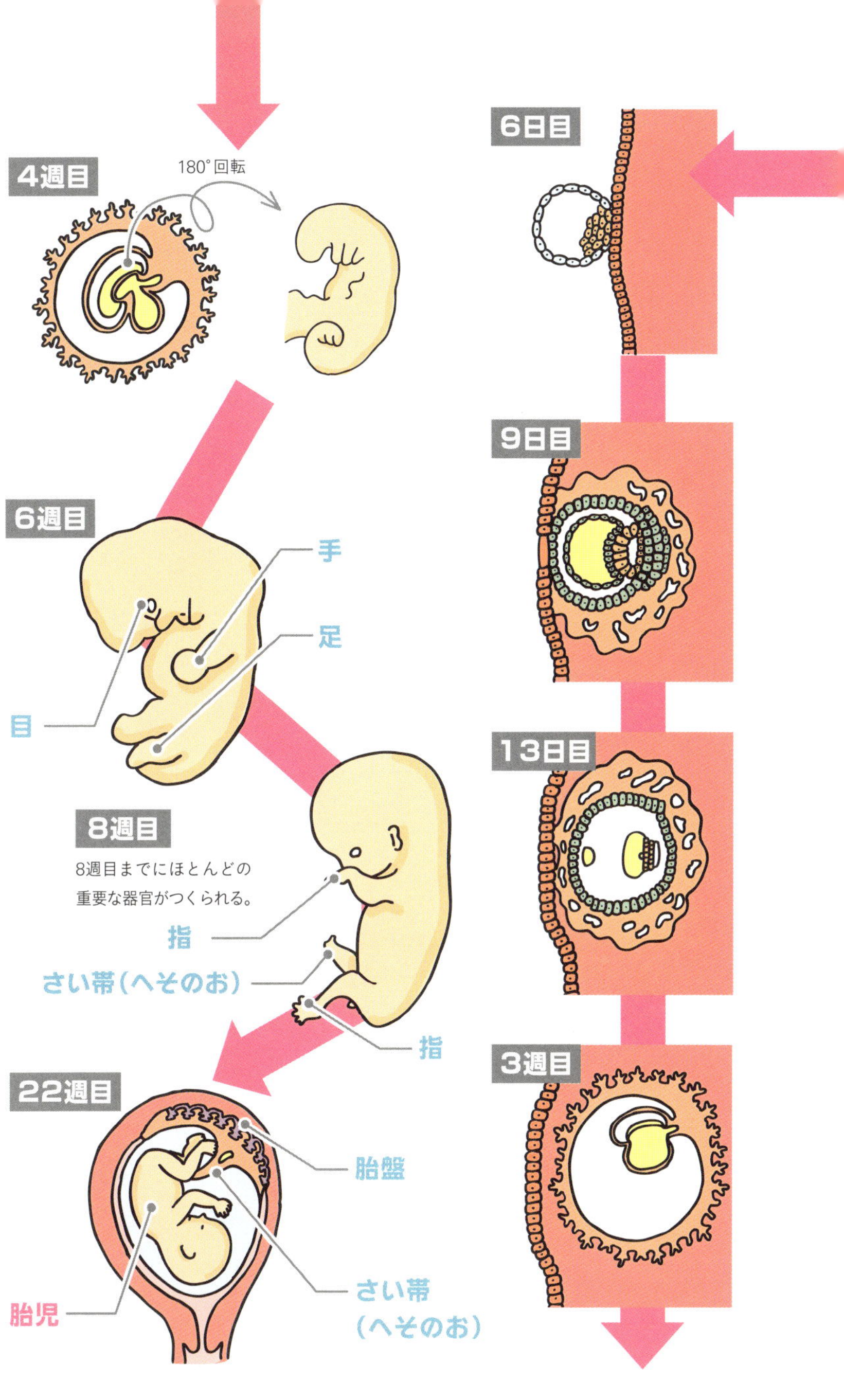
6日目
9日目
13日目
3週目
4週目
180°回転
6週目
手
足
目
8週目
8週目までにほとんどの
重要な器官がつくられる。
指
さい帯（へそのお）
指
22週目
胎盤
胎児
さい帯
（へそのお）

不妊症

vol. 7

不妊症で悩んでいる人はどのくらいいる？

「子どもが欲しい」と思っている夫婦の場合、半年で約7割、1年で約9割が妊娠するといわれている。ところが、待ち望んでいても、1年以上妊娠しないこともある。これを不妊症という。およそ10組に1組が不妊症といわれているんだ。実にたくさんの人が不妊症で悩んでいるんだね。

不妊症の原因は多岐にわたる。女性の場合、卵子が卵巣から飛び出る排卵が行われなかったり、卵管がつまって卵子が子宮にたどりつかなかったり、あるいは子宮にできものができてしまって、着床できなかったりなどが代表的だ。

男性の場合、本来は数億もあるはずの精子の数が少なかったり、まったくなかったり、精子の鞭毛の動きが悪かったり、精管がつまったりなどがある。ただし、なぜそうなるかはわからない場合も多いんだ。

また、男女問わず、からだに問題がなくてもストレスが原因で生じる場合もある。

治療方法としては、薬で排卵をスムーズにしたり、健康な精子をとり出して人工的に子宮内に注入したり、体外で受精させたりする方法が行われているよ。

7章

感覚器の細胞

光や音などの刺激を情報として受けとる役割を担う、目や耳などの感覚器。それぞれに存在する、まるでセンサーのようなはたらきを行う細胞たちを紹介しよう。

感覚器とは？

感覚器とは、光や音、におい、味などの**刺激**を情報として受けとる器官のこと。感覚器が受けとった情報が、**ニューロン**（➡P.68）によって脳や脊髄などの**中枢神経**に伝えられることで、「明るい」や「うるさい」といった感覚が生じるんだ。

代表的な感覚器に**目**、**耳**、**鼻**、**舌**、**皮膚**がある。目は光の波長などを感じとる**視覚器**で、色や明るさをとらえる。耳は音を聞くための**聴覚器**で、空気の振動（音波）を感じとる。さらに、耳の内部には三半規管という感覚器があり、これはからだの回転など平衡感覚をとらえている**平衡感覚器**でもある。鼻はにおいを嗅ぐための**嗅覚器**で、舌は味を感じる**味覚器**。そして皮膚は**皮膚感覚器**と呼ばれ、触覚（なにかが接触している）や圧覚《あっかく》（押されている）、痛覚（痛い）、温度覚（熱い、冷たい）などの刺激を受けとっている。この、目、耳、鼻、舌、皮膚という5つの感覚器が感じとる、「見る、聞く、嗅ぐ、味わう、触れる」という感覚のことを**五感**というよ。

CHECKPOINT

適刺激

目は光だけ、音は耳だけなど、感覚器はそれぞれ特定の刺激のみ受けとれる。これをその感覚器に対する「適刺激」といい、感知できない刺激は「不適刺激」という。また、音楽を聴いたときに視覚でも感覚が生じる（色が見えるなど）ように、一部の人だけが体験する、本来のもの以外の感覚が生じる現象を「共感覚」と呼ぶよ。

刺激と感覚器

感覚器は刺激を情報として受けとり、脳や脊髄（中枢神経）に伝える。感覚器はそれぞれ特定の情報を受けとるように特化されているよ。

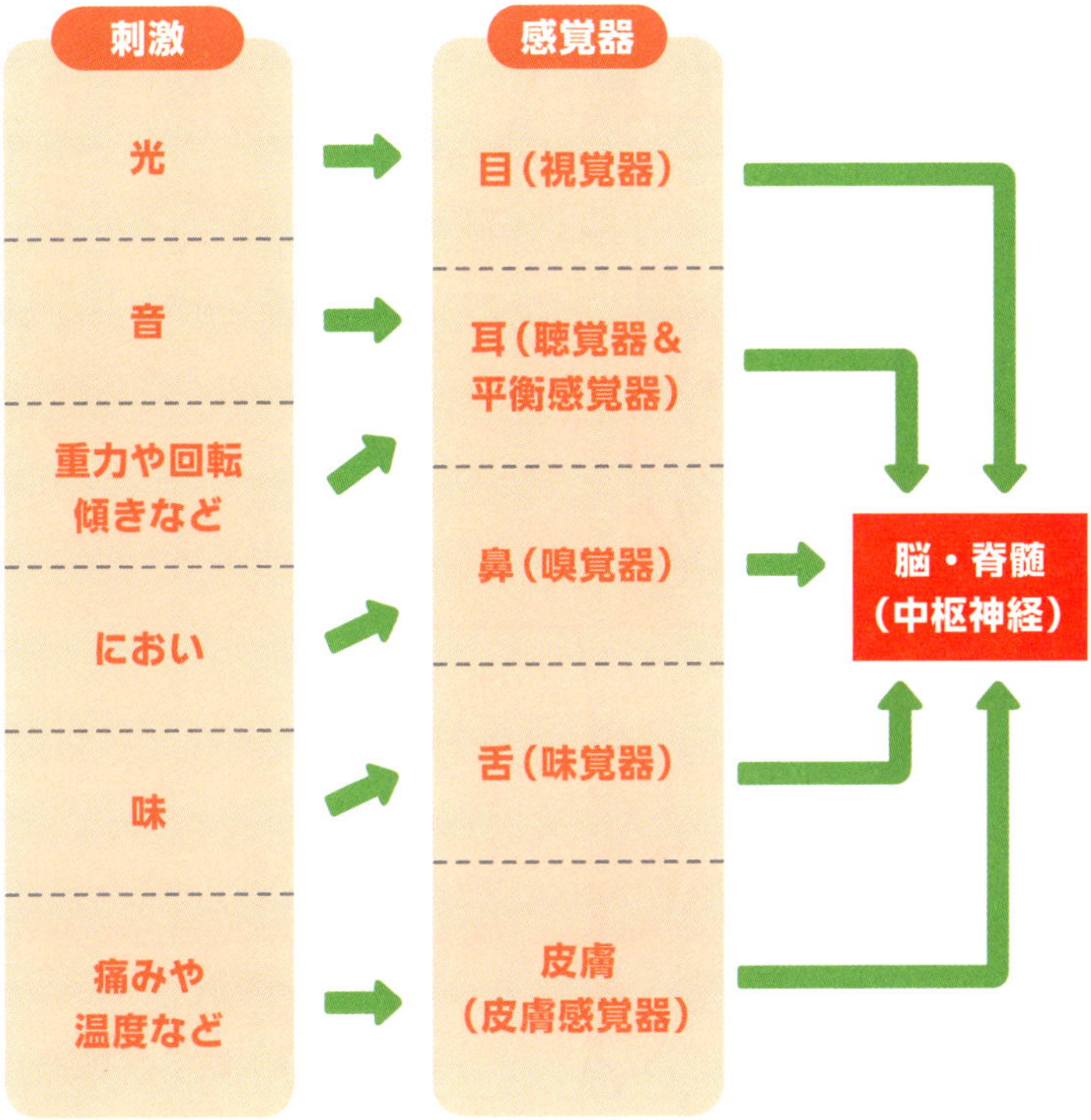
刺激
光
音
重力や回転傾きなど
におい
味
痛みや温度など
感覚器
目（視覚器）
耳（聴覚器＆平衡感覚器）
鼻（嗅覚器）
舌（味覚器）
皮膚（皮膚感覚器）
脳・脊髄（中枢神経）

コラム

閾《いき》値《ち》

感覚が成り立つには一定の強さ以上の刺激が必要だ。感じとれる最低の刺激の強さを「閾値」と呼ぶ。つまり、閾値より強い刺激は感じられるが、弱い場合は感じとることができないんだ。これには個人差があり、閾値の低い人は「敏感」、高い人は「鈍感」だといえるね。

CELL NO.23

視細胞

色と明るさの「名コンビ」!

なにあの対照的なコンビ
どちらも視細胞だよ
…なんだろこっち見てる
あなたちょっと服ダサくない?なんか色が足りてないっていうか…
ガーン
えっ!! ひどいっ!!
錐体細胞は色を感じとるんだ
あなたじつは根暗ね明るく見せてはいるけど…
ボソ…
ガビーン
初対面で何なの~!!
桿体細胞は明るさを感じとる
なんかさえない人なのね
なにこのコンビネーション…
2人がいるからこそ見えるものがあるんだ

錐体細胞（右）は色を、桿体細胞（左）は明るさを感じとる。桿体細胞のほうが感度が高い。

色は錐体《すいたい》細胞、明るさは桿体《かんたい》細胞が感じる

人間の目（視覚器）で、光という刺激を受けて色や明るさといった情報を感じとり、視神経を通じて脳へ伝えるのが、**視細胞**だ。

光の刺激は、透明な**角膜**を通って、黒目の中心にある**瞳孔**《どうこう》から眼球のなかへと入り、奥のほうにある**網膜**《もうまく》に集められる。視細胞はその網膜にたくさん存在しているよ。

視細胞には、色を感じとる**錐体細胞**と、明るさを感じとる**桿体細胞**の2種類がいる。錐体細胞は光の3原色である赤色担当、緑色担当、青色担当の3つの担当に分けられ、たとえば赤と緑の担当が刺激を感じとることで黄色が見える。このように、人間の目ははたらく錐体細胞の組み合わせによって、色を識別しているんだ。ただ、錐体細胞は感度が低く、光が少ししかない暗い環境だとうまくはたらけないよ。

対して桿体細胞は明暗しか感じとれないが、錐体細胞と比べて感度が高く、暗いところでもはたらくことができる。それは**ロドプシン**という桿体細胞のはたらきを生み出す物質が、少しの光でもつくられるからなんだ。ロドプシンは比較的ゆっくりつくられることが特徴。明るいところから暗いところに入ったとき、目が慣れるのに時間がかかるのはそのせいなんだ。

コラム

ピカチュリン

視細胞が、視神経へ情報を伝えるときに橋渡しをする物質。2008年に大阪バイオサイエンス研究所の古川貴久《ふるかわたかひさ》氏らによって発見された。これを多く持つ人ほど動体視力が高いといわれている。この名前は、マウスの実験によって発見されたことと、光に関係することから、某キャラクターにちなんで名づけられたんだ。

目（視覚器）

人間の目はカメラに似た構造をしているため、カメラ眼とも呼ばれる。錐体細胞と桿体細胞は、両方とも網膜に存在しているよ。

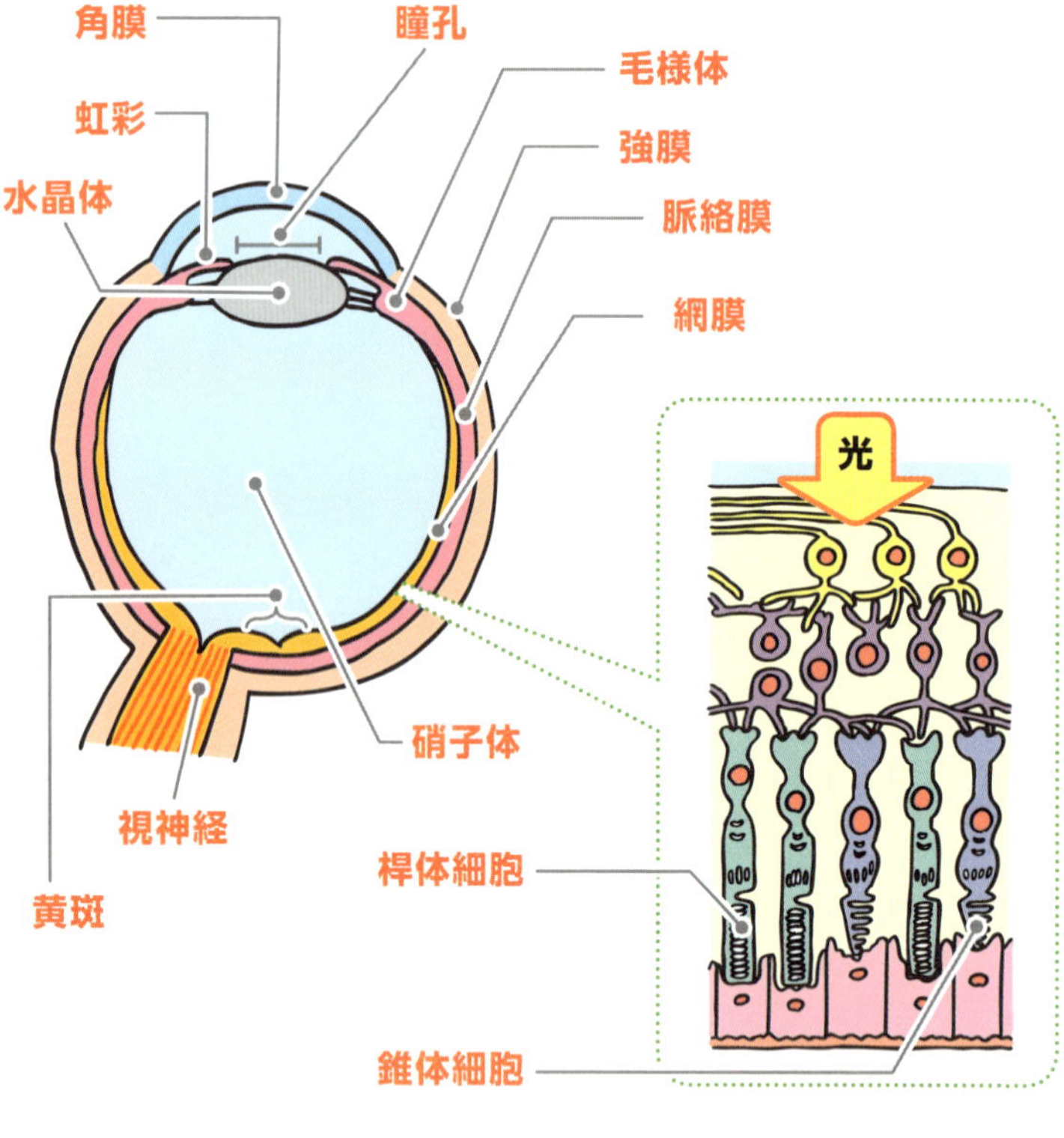

角膜
瞳孔
毛様体
虹彩
強膜
水晶体
脈絡膜
網膜
光
硝子体
視神経
桿体細胞
黄斑
錐体細胞

CHECKPOINT

盲点

網膜でも、視神経との境目の部分には視細胞は存在しない。普段は意識されないが、光が当たっても反応を起こさず、いわゆる「見えない部分」が生じる。この見えない部分のことを「盲点」というんだ。これを発見したフランスの物理学者マリオネットの名前からとって、「マリオネットの盲点」とも呼ばれるよ。

明順応と暗順応

暗い場所から明るい場所に出て目が慣れる現象を明順応、その反対の現象を暗順応という。

暗 ➡ 明（明順応）

錐
明るくなった！
がんばるぞ！
桿
まぶしいのは
苦手なの…

暗いところから明るいところに入ると、桿体細胞の感度が下がり、おもに錐体細胞がはたらく。明順応にかかる時間はおよそ数分程度。

明 ➡ 暗（暗順応）

錐
暗くなってきた…
やる気でない…
桿
色はわからないけど
これならがんばれる！

明るいところから暗いところに入ると、錐体細胞の感度が下がり、桿体細胞がはたらく。ロドプシンはゆっくりつくられるため、暗順応にかかる時間はおよそ30分〜1時間と遅め。

コラム　目を閉じたときの“チカチカ”の正体

明るいものを見たあとにすぐに目を閉じると、まぶたの裏でしばらくチカチカと光が見えるよね。実はそれは錐体細胞がまだはたらいていることの証なんだ。暗順応のとき、桿体細胞がはりきり出すまでに約10分はかかる。その間、錐体細胞はがんばり続けていて、まぶたの裏のわずかな光を感じとっているんだ。

CELL NO.24

音を調整する「アンプリファイア」！

有毛細胞

ニューロンさん 外がいま揺れてます
キリ
ふむ わかった
キャー 地震!?
今度はすごい速さで 動いてます バランスを崩さないように
キリ
筋肉の細胞に伝えよう
え、何、!? まだ 揺れてる!?
……
あぉ～
やだぁ～こわい
!?
ドキ ドキ
音量調整 しました
よくやった
ギュッ

音を感じとり、音の高さや音量を調整する。また、からだの動きや平衡感覚もとらえる。

音のほか、平衡感覚も感じとる

耳（聴覚器&平衡感覚器）は、音（空気の振動）を感じとったり、平衡感覚をとらえたりして、聴神経を通じて脳へ伝えている。これらのはたらきは、**有毛細胞**によるものだ。

耳の奥には、カタツムリの殻のようなかたちをした**うずまき管**（➡P.125）があり、そのなかには**コルチ器**と呼ばれる、音をとらえる装置がある。ここに片耳で約15000個というたくさんの有毛細胞がいて、音を情報として感じとっているんだ。

有毛細胞は、音の高さや音量を感じるだけでなく、音の強さを調整して聞きとりやすくすることもしている。ステレオなどで音声信号の強弱を調整する機械を「アンプリファイア」というけれど、有毛細胞は超ミニアンプみたいなもの。これにより、聞きたい高さの音だけを聞き分けることもできる。好きなギタリストの音に耳を澄ましているときは、有毛細胞が活発にはたらいているんだ！

また、うずまき管の上側には**三半規管**（➡P.124）という器官（平衡感覚器）があり、ここにも有毛細胞がいる。ここにいる有毛細胞は、聴覚ではなく平衡感覚を感じとっているよ。この有毛細胞がどう動くかによって、からだがどのように運動しているかがわかり、その情報が脳に伝わるようになっているんだ。

CHECKPOINT

平衡感覚

人間が運動をするときに速度の変化によって感じる感覚のことで、これによって人間は重力の方向に対するからだの位置や姿勢、動きなどを知ることができるんだ。平衡感覚を司る三半規管などに障害が起きると引き起こされるのが、多くの人を悩ませる乗りもの酔いやめまいなどといった症状だよ。

耳（聴覚器＆平衡感覚器）

音（空気の振動）をうずまき管にいる有毛細胞が感じとり、情報に変え、聴神経を通じて脳へと伝える。これによって聴覚が生じるんだ。

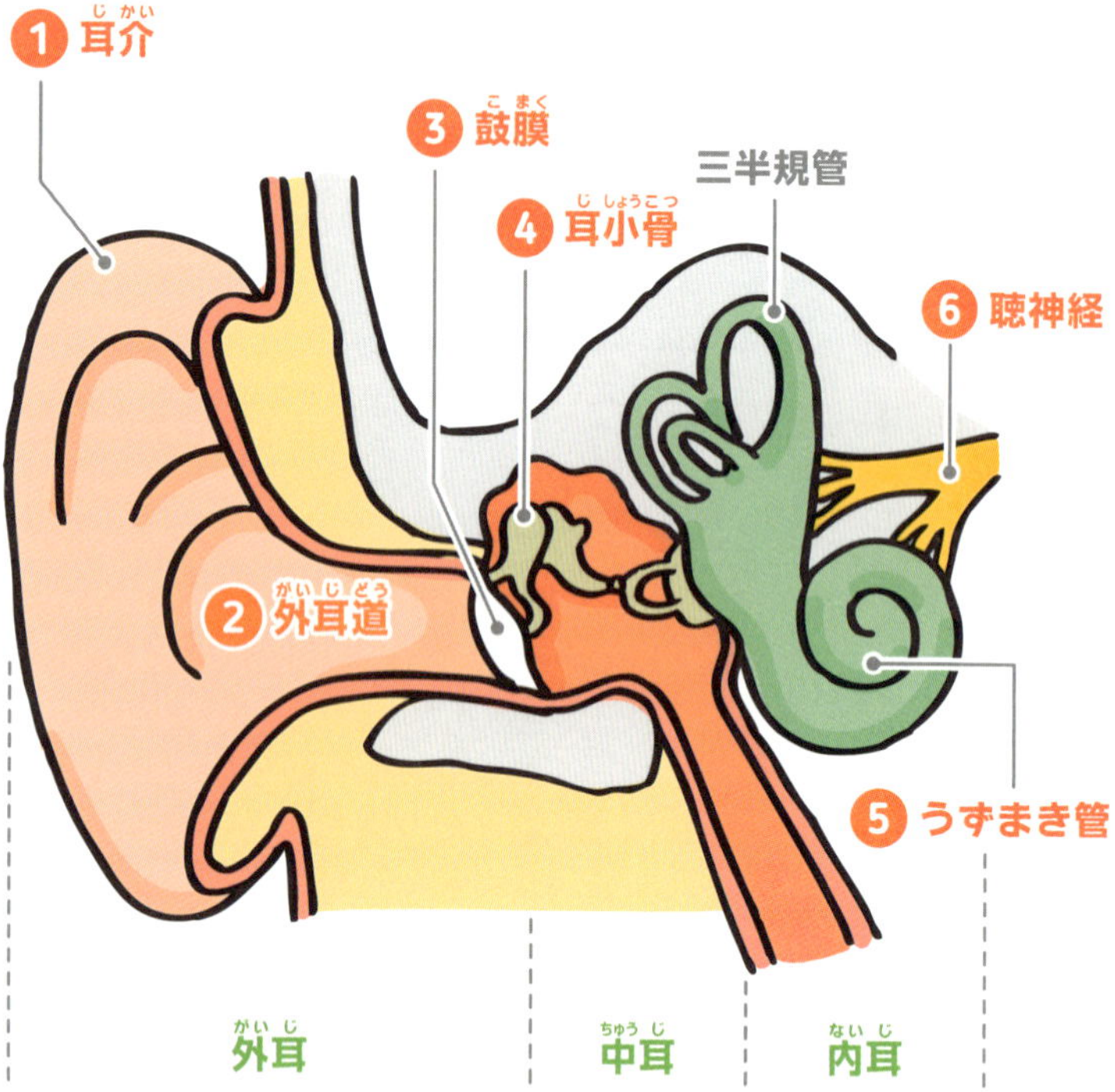

音を感じるしくみ

1. 耳介で音が集められる。
2. 集められた音が外耳道を通る。
3. 音が鼓膜を振動させる。
4. 鼓膜の振動が耳小骨で増幅される。
5. うずまき管に伝わった音を有毛細胞が感じとり、感度を調整して情報に変える。
6. 情報が聴神経を経て大脳へ伝えられて、聴覚が生じる。

うずまき管の構造

カタツムリに似たかたちをしているため、「蝸牛《かぎゅう》」とも呼ばれるうずまき管。このなかのコルチ器にいる有毛細胞が、音を感じとるんだ。

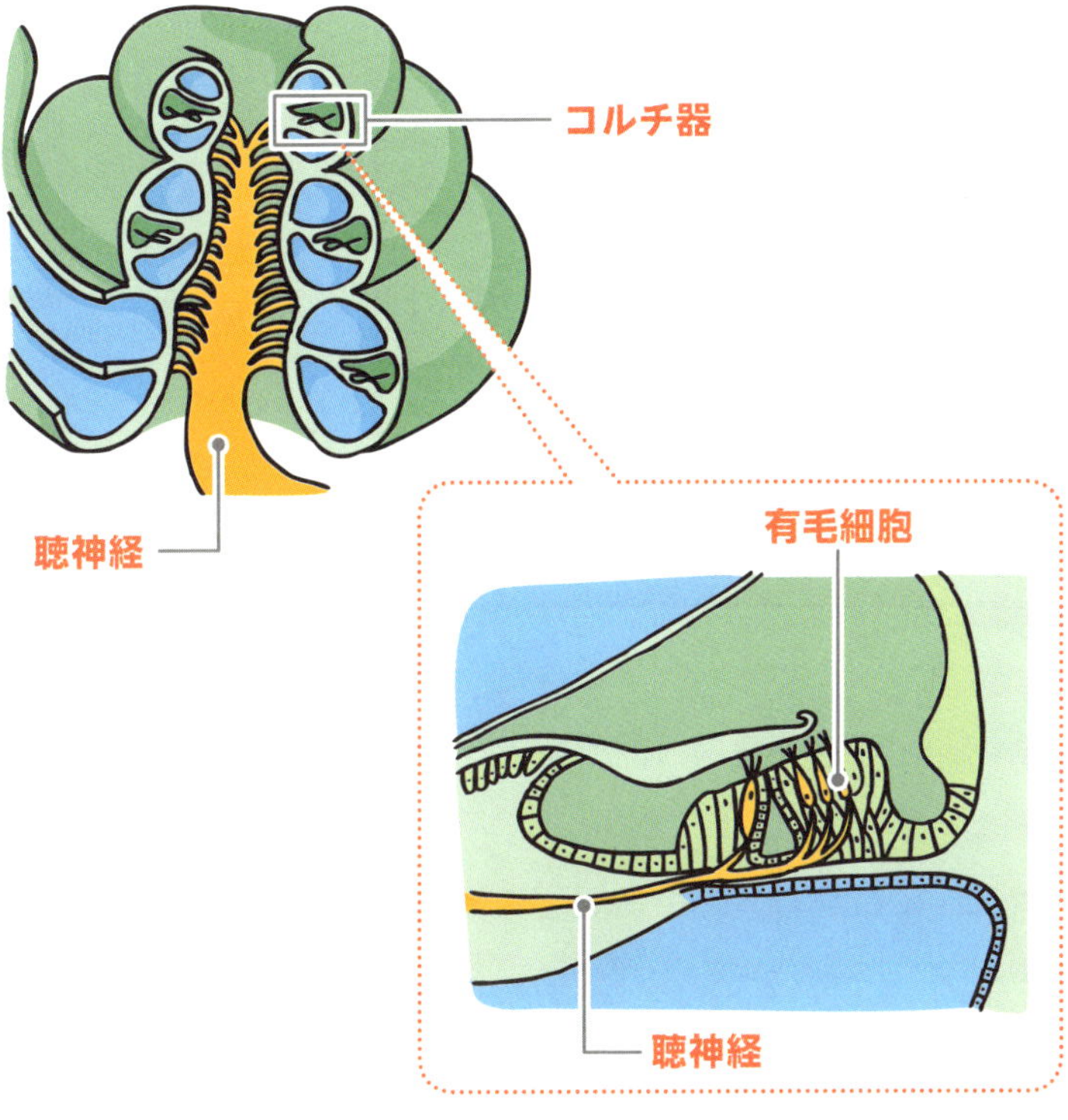

コラム　可聴域

人間は低すぎたり、高すぎたりする音は聞きとることができない。聞きとることのできる音の高低の範囲（音の周波数）を、可聴域というんだ。個人差はあるが、一般的に人間の可聴域はおよそ20Hz～20,000Hzといわれている。ちなみに、イヌの可聴域は40Hz～65,000Hz、ネコは60Hz～100,000Hzほどといわれているよ。

CELL NO.25

嗅細胞

「敏感」だけど「鈍感」さん？

さっきニューロンのおやつ食べちゃったけど 内緒にしとこ…
!?
ニューロンさん！なにやら事件のにおいが！
くんかくんかくんか
何っ!? 一体なにが!?
(ヤバイ)
なんだ嗅細胞教えてくれっ
ひぃ〜
う〜〜ん
あれ なんでしたっけ？
ま、いっか
えぇー!?
敏感なんだか鈍感なんだか

においを敏感に感じとって伝える。同じにおいに対して慣れてしまうのが早く、何のにおいかを忘れがち。

空気に混ざったにおい物質を感じとる

においを感じとる**嗅細胞**には**嗅線毛**《きゅうせんもう》と呼ばれる細胞小器官（➡P.18）があり、これが**嗅上皮**《きゅうじょうひ》の粘膜に溶け込んだにおい物質に反応するんだ。

でも、嗅細胞は同じにおいに対しては、すぐ慣れてしまい、鈍感になる性質がある。人間が自分自身のにおいに気づきにくいのはこのため。

嗅細胞は感じたにおいの情報を脳に伝えるのだが、ほかの感覚器の細胞とは異なり、情報を伝える神経のはたらきも兼ねているのが特徴だ。

鼻は、脳のすぐ下にあり、その間にはたくさんの小さな穴があいた骨がある。嗅細胞は感じとったにおいの情報を、その穴を通して脳の組織である**嗅球**《きゅうきゅう》にダイレクトに伝えているんだ。

鼻（嗅覚器）

嗅細胞は、鼻の奥に広がる鼻腔の天井部分の嗅上皮という場所にいて、嗅線毛を使ってにおいを感じとるよ。

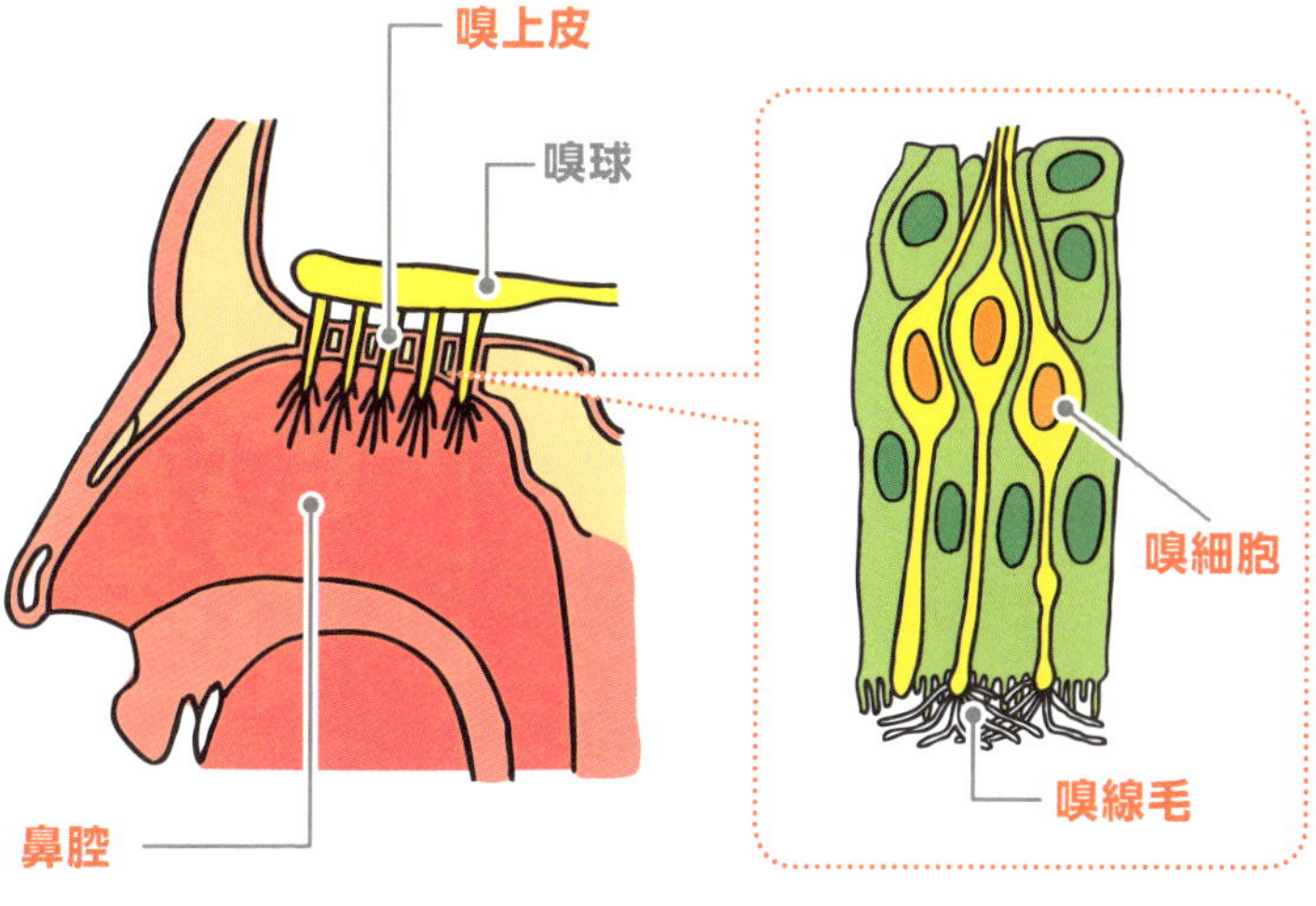

CELL NO.26

味細胞

みらいに生きる? 「振り分け上手」!

舌の表面にある味蕾という場所に存在し、塩味、甘味、苦味、酸味、旨味の5種類の味を感じとる。

舌の表面にある味蕾《みらい》で5種類の味を感じ取る

味細胞が感じとれる味覚は、塩味、甘味、苦味、酸味、旨味の5種類。ちなみに辛味は痛覚なので、味とは違う刺激に分類されているよ。

味細胞は専門性が高く、ひとつの味細胞につき、1種類の味しか感じとらない。しかし、**味蕾**のなかには20～30個もの味細胞が存在していて、すべての味を感じとる細胞がそろっている。だから人間は、5種類の味の組み合わせにより、「甘酸っぱい」などの複雑な味をも感じとることができるんだ。

ちなみに、味蕾は舌全体に約1万個も存在していて、舌のどこでも5種類の味を味わうことができる。舌のエリアによって感じる味が決まっているという説もあるが、それはどうやらまちがいのようだね。

舌（味覚器）

味蕾は舌乳頭にあり、そのなかに味細胞は存在する。
味細胞は水に溶けた物質に反応して、味を感じとるんだ。

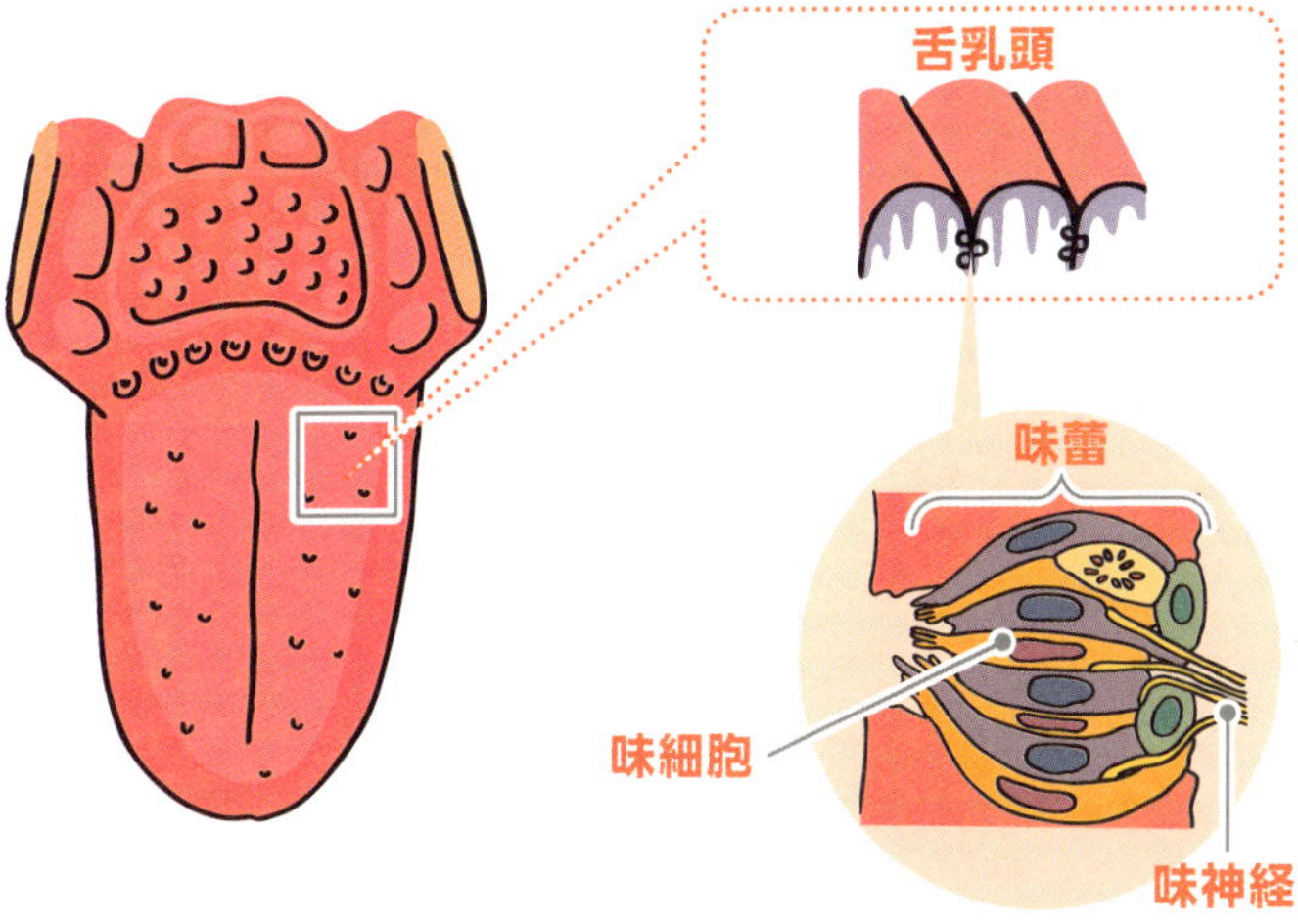

CELL NO.27

触らぬ神に祟りなし？

メルケル細胞

あたたかい！

ぽーー…

痛い！

ニューロン あの子 お仕事サボってない!?

……

いや…いいんだ あの子は
なんで!? ダメでしょ ちゃんと注意しなくちゃ！

かわいいからって甘やかしたらダメだよ！ ほかの子たちもやる気なくしちゃうでしょ！

触らぬ神に祟りなしというか…

ポッ
メルケル細胞はまれにがん細胞になるから

表皮に存在し、おもに触覚を担当している。紫外線などの影響によってがん細胞になることも。

軽く触れる程度でも触覚を感じとる

皮膚（皮膚感覚器）は、最も外側の**表皮**、その下の**真皮**、さらにその下の**皮下組織**の3層で構成されている。皮膚には、なにかに触れた感触や温度、痛みなどを感じる細胞がたくさん存在している。そのなかでも代表的な存在なのが表皮にいる**メルケル細胞**。メルケル細胞は、軽く触れた程度の弱い刺激も感じとれる。全身の皮膚に存在しているが、指先などの敏感な部分には特に多くいるんだ。

ただ、メルケル細胞は紫外線などの影響で異常が起きて増え続けると、**がん細胞**（➡P.146）になってしまうことがある。これによって引き起こされる病気を「メルケル細胞がん」といい、日光にさらされやすい頭部などで多くみられるよ。

皮膚（皮膚感覚器）

皮膚は触覚・圧覚・温度覚・痛覚などを感じ、メルケル細胞は特に触覚担当。

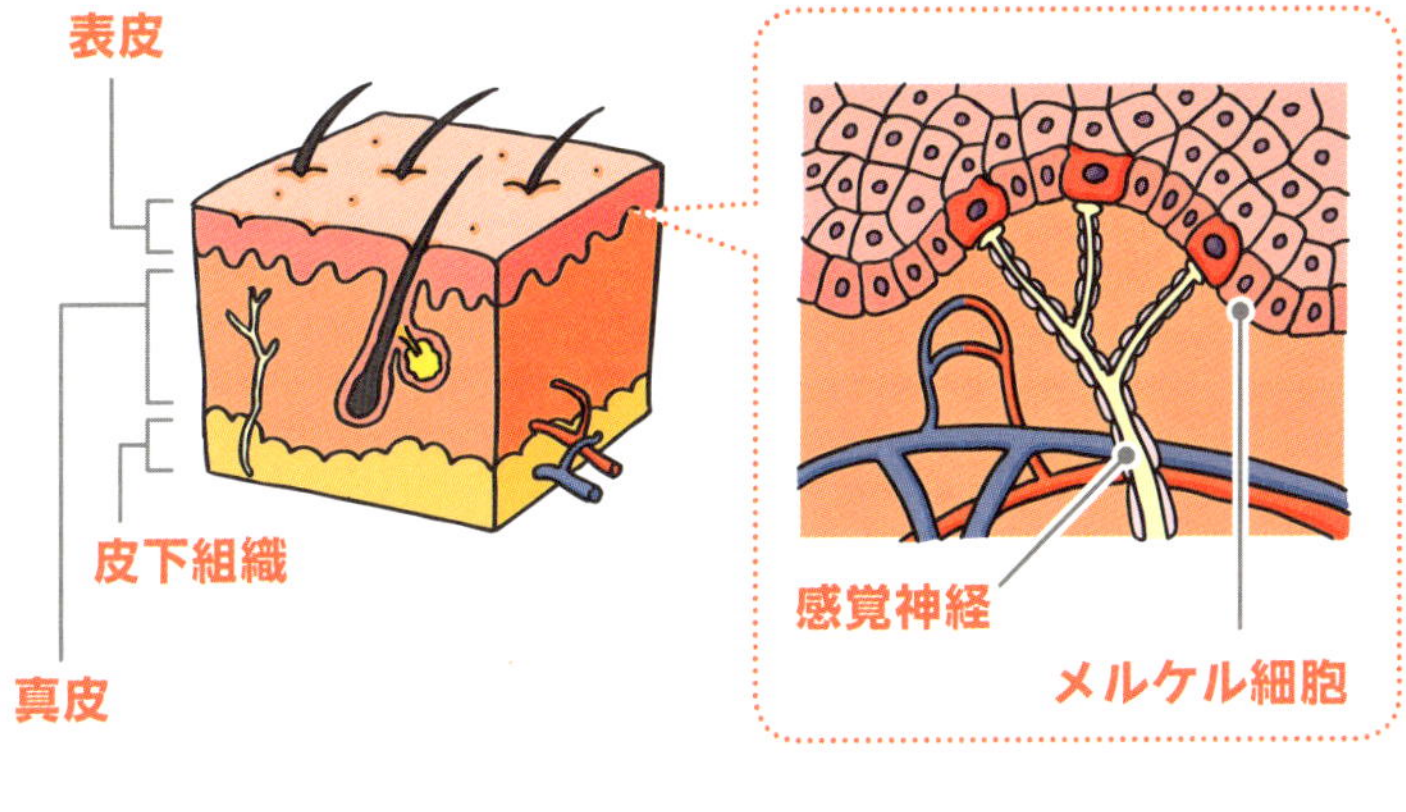

加齢黄斑変性《かれいおうはんへんせい》

vol.8

見たいものが見えなくなる！視細胞が壊れる恐ろしい病！

加齢黄斑変性とは、視界の中心がゆがんだり、そこに真っ黒なシミみたいなものが見えたりして、ものがよく見えなくなる病気のこと。視界の中心ということは、まさに「見たい」と思って、見つめているところがよく見えなくなるわけだ！ ひどくなると失明することもあるよ。

光が集まる網膜の中心部は、黄斑と呼ばれ、たくさんの視細胞が集まっているところ。特に色をしっかり見極めるために活躍する錐体細胞が集中して存在している。この黄斑に、通常よりも弱い血管ができてしまい、ちょっとしたことで破れ、血液成分が染み出すことがある。それにより、このデリケートな部分に腫れが生じたり、水分が溜まったりして大切な視細胞を傷めてしまうのが、この病気になる最も一般的な原因といわれているよ。「加齢黄斑変性」という名前は、年齢を重ねるとなりやすくなることからついたんだ。

予防するには、ホウレンソウなどの緑黄色野菜を食べるとよい。これらに含まれるルテインという栄養素が、錐体細胞のエネルギー源になるといわれているんだ。

8章

細胞の研究

ES細胞やiPS細胞といった人工でつくられた幹細胞や、がんに対する治療などなど。いまだ解明されていない部分も多いが、細胞に関する研究は進化し続けている。

細胞研究の進化

細胞の研究は、電子顕微鏡（※1）の登場によって世界中で盛んに行われるようになった。日本でも1987年に生物学者の利根川進《とねがわすすむ》氏が、**B細胞**（⬇P.60）のつくり出す抗体の研究でノーベル生理学・医学賞を受賞するなど、その進化は実にめざましい！

また、1998年には**ES細胞**（⬇P.138）が、2007年には**iPS細胞**（⬇P.140）が人間の細胞を使って作製されるなど、近年、人体のほとんどの細胞になれる人工の**幹細胞**（⬇P.136）の研究が特に盛んだ。白血病などの難病に苦しむ患者たちなどからは、これらの細胞を使った再生医療に期待が集まっている。とはいえ、ES細胞には拒絶反応や倫理的な問題などがあるし、iPS細胞にもまだ未解明の部分が多い。

一方、2018年には**がん免疫療法**（⬇P.144）が話題になった。免疫を担う細胞を活用したがん治療は効果的ではないという、これまでの考え方が覆されたんだ！これからも常識を覆す新たな発見により、医療などが発展していくのが楽しみだ。

コラム

細胞の学問

細胞にかかわる学問にはいくつか種類がある。細胞を培養したり、遺伝子を操作したりして細胞の研究を行う「細胞工学」、生命の現象を分子レベルで研究する「分子生物学」、そしてこれらを含む「生命科学（ライフサイエンス）」などだ。研究が進むにつれて、学問の領域もどんどん広がっているんだ。

（※1）1950年代に普及した。光でなく電子線を与えることで細かく観察できる

最新の細胞研究

細胞にはまだまだ未知の部分が多く、研究は日々進められ、新たな驚きの発見が続出しているんだ。

幹細胞の研究

・ES細胞（➡P.138）

1981年にイギリスのケンブリッジ大学のマーティン・エバンズ博士らがマウスの実験ではじめて作製に成功。人体のほとんどの細胞になれるが、他人の受精卵を必要とするため、拒絶反応の問題や倫理的な問題がある。

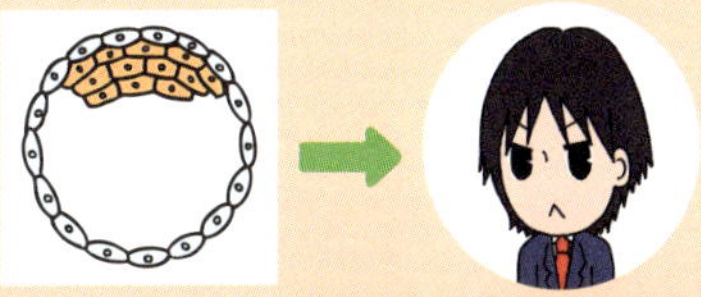

ES細胞は、受精卵から6〜7日経った胚盤胞（➡P.112）の一部をとりだしてつくられる

・iPS細胞（➡P.140）

2006年に京都大学の山中伸《やまなかしん》弥《や》教授らがマウスの実験ではじめて作製に成功し、2012年にノーベル生理学・医学賞を受賞した。自分の皮膚などからつくれるため、拒絶反応や倫理的問題の心配がない。

iPS細胞は、皮膚などの採取しやすい部分の細胞を培養してつくられる

がん治療の研究

・がん免疫療法（➡P.144）

2018年にノーベル生理学・医学賞を受賞した京都大学の本庶佑《ほんじょたすく》教授らが発見したタンパク質（PD-1）により、もともと人間の細胞が持つ免疫のはたらきを利用した、これまでにないがんの治療が可能になった。

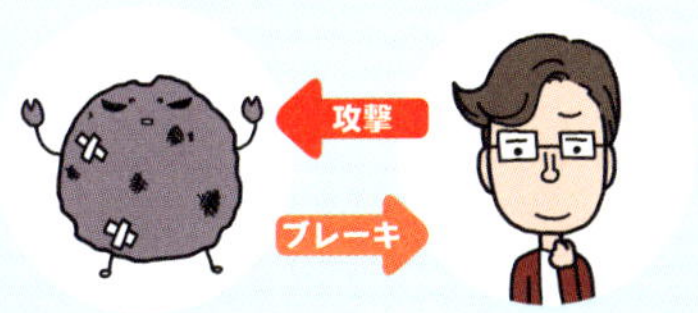

がん細胞は自分に攻撃してくるリンパ球などの細胞のはたらきを弱める力を持つが、がん免疫療法はこの力を解除するというもの。

幹細胞

自分以外の細胞になれる

細胞の基本的なはたらき(➡P.16)のひとつに、「分裂して増殖する」というものがある。これは基本的には「自分と同じ種類の細胞を増やす」はたらきだ。しかし、「自分とは違う細胞になる」というはたらきも持つ細胞がいる。それが**幹細胞**だ。自分とは違う細胞になることを**分化**というよ(➡P.29)。

幹細胞は、分化できる範囲などによっていくつかの種類に分けられる。1つはあらゆる細胞に分化でき、ひとつの生物(個体)にまでなることができるもので、受精卵がこれにあてはまる。また、個体にまではなれないが、ほとんどの細胞に分化できるものを**多能性幹細胞**という。いくつかの決まった特定の細胞になれるものは**体性幹細胞**と呼ばれ、たとえば**造血幹細胞**(➡P.28)がこれにあてはまる。また、自分以外の1種類にだけ分化できる幹細胞もあり、これは**単能性幹細胞**と呼ばれる。

コラム がん幹細胞

がん細胞(➡P.146)のなかでも幹細胞の性質をもった細胞のことで、がん細胞をどんどん増やす親玉のような存在だ。これを死滅させることでがんを阻止する研究が進められている。しかし徐々に明らかになってはきているが、どのようにこれが生まれるか、そもそもほんとうに存在するのかなど、まだまだ謎が多い。

幹細胞の種類

幹細胞はどのくらいほかの細胞に分化することができるかによって、大きく種類を分けることができるんだ。

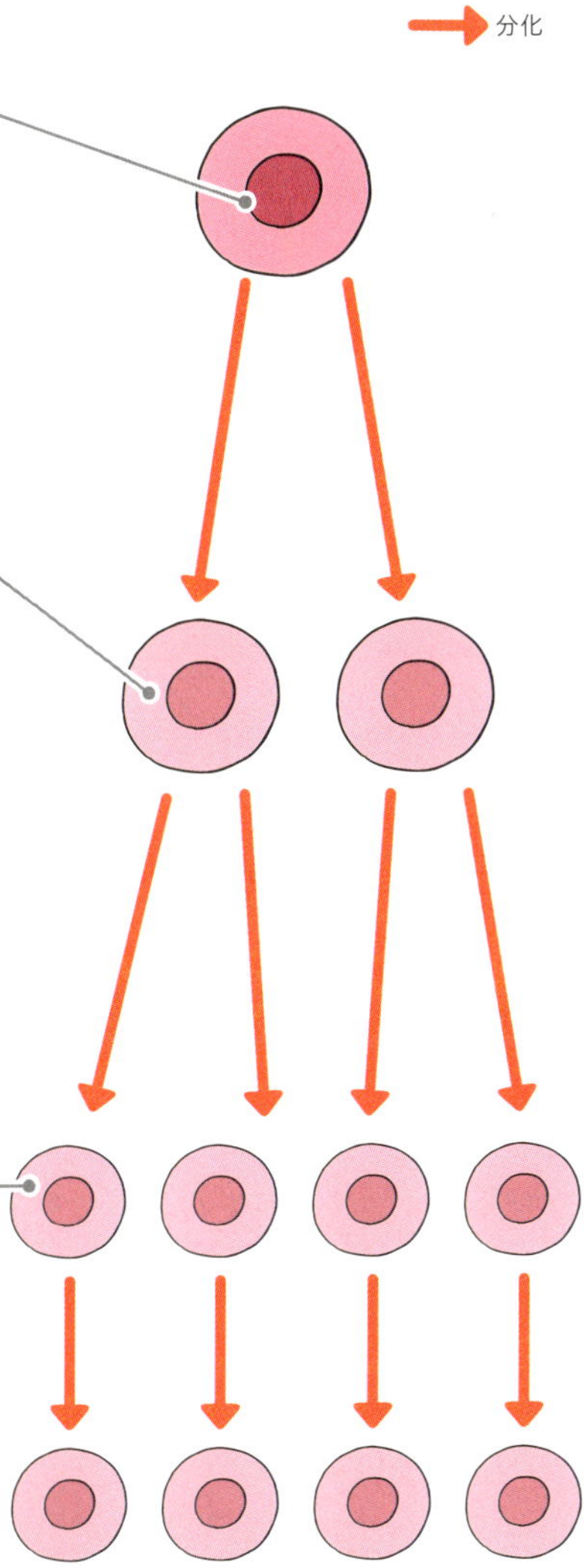

多能性幹細胞

受精卵のように個体にはなれないが、あらゆるほかの細胞に分化できる。ES細胞やiPS細胞など、人工的にこれをつくる研究が進んでいる。

体性幹細胞

血液の細胞や神経の細胞など、いくつかの決まった細胞に分化できる。

（例）

・造血幹細胞（➡ P.28）

…赤血球や白血球などに分化

単能性幹細胞

自分以外の1種類にのみ分化できる。最終的な特定の細胞になるひとつ前の状態。

（例）

・精原細胞（➡ P.110）

…一次精母細胞に分化

CELL NO.28

ES細胞

幹細胞の「大先輩」!

ブオッ
分身の術!
おお!!
増えた
ブオッ
続いて!
変化《へんげ》の術!
すごい
すごい!!
ぐへへ〜
こ興奮するね〜
……
なんかいやだ… 私は
もっとクールなはずだ…
拒絶反応が
起きてる…
えっ

受精卵から人工的につくられる幹細胞。人体のほとんどの細胞になれるが、問題視されていることも。

とても画期的！　しかし2つの問題が…

ES細胞は、英語で「Embryonic Stem Cell」、日本語で**胚性《はいせい》幹細胞**ともいう。受精卵から6〜7日ほど経った胚盤胞（➡P.112）の一部を使って人工的につくられた細胞だ。1981年、ケンブリッジ大学のエバンズ博士らが、マウスの実験で培養に成功し、1998年には、別の研究者がヒトのES細胞の培養に成功している。

多能性幹細胞（➡P.136）であるES細胞は、しっかり整えられた環境のもとであれば、人体のほとんどの細胞になれるほか、増殖する能力も高い。そのため、「糖尿病にかかって弱った肝臓の細胞を、ES細胞でつくった肝臓の細胞と交換する」など、再生医療への応用が期待されているんだ。

でも、ES細胞を活用するには2つの問題がある。1つ目は、**倫理的な問題**。ES細胞をつくるには生命のもとである受精卵が必要なため、再生医療などのためとはいえ、命のもとを使っていいのかなどと議論されている。2つ目は、**拒絶反応の問題**。拒絶反応とは、免疫のはたらきを持つ細胞が、異物の侵入に抵抗し、からだを守ろうとする反応のこと。ES細胞は基本的に他人の細胞を使ってつくられるため、体内に移植すると、異物と認識して拒絶反応が起きる可能性がとても高いんだ。

CHECKPOINT

再生医療

再生医療とは、細胞の再生能力を利用して病気を治す医療のこと。たとえば、糖尿病は血糖値を下げるインスリンというホルモンの分泌量が少なくなって血糖値が上がることが原因のひとつだが、β細胞（➡P.100）をES細胞やiPS細胞（➡P.140）によってつくり出してインスリンを生み出し、糖尿病の治療ができると期待されている。

CELL NO.29

幹細胞の「スーパーエリート」！
iPS細胞

ES細胞の抱える２つの問題をクリアする、体細胞から人工的につくられる幹細胞。未解明な部分も多い。

拒絶反応も倫理的な問題もない

山中伸弥《やまなかしんや》教授が率いる京都大学の研究グループが、２００６年にマウスによる実験でつくることに成功した**ｉＰＳ細胞**。その後２００７年にはヒトのｉＰＳ細胞の作製にも成功。２０１２年、山中教授はノーベル生理学・医学賞を受賞した。

ｉＰＳ細胞は、英語では「induced Pluripotent Stem Cell」といい、日本語では**人工多能性幹細胞**ともいう。はたらきは**ＥＳ細胞**（➡P.138）とよく似ているが、ｉＰＳ細胞は、受精卵ではなく**体細胞**（※１）、しかも他人のものではなく自分の細胞からつくられる。そのため、ＥＳ細胞のかかえる２つの問題（※２）がクリアされているわけだ！　ｉＰＳ細胞は、体細胞を**幹細胞**（➡P.136）に戻す能力を持つ「**ヤマナカファクター**」と呼ばれる４つの遺伝子を、注入することでつくられる。

ｉＰＳ細胞は、再生医療だけでなく、病気の発症理由の解明や、治療薬の開発にも役立つと期待されている。まさに幹細胞界の「スーパーエリート」だ。

しかし、ｉＰＳ細胞は未解明な部分も多く、培養しているときにがん化してしまうリスクがあるなどの問題もある（※３）。現在は、ｉＰＳ細胞を使って角膜や心筋、肝臓などの器官をつくり、患者に移植する実験が続けられている。

CHECKPOINT

ヤマナカファクター

山中教授らが発見した４つの遺伝子のこと。誘導因子ともいう。細胞に組み込むことで、一度分化した細胞をもとの幹細胞にまで戻すことができる。ただ、ヤマナカファクターを組み込むことでどうして幹細胞に戻せるのか、明確な理由はまだわかっておらず、今も世界中で研究が行われているんだ。

（※１）生殖器の細胞（➡P.103〜113）以外の細胞のこと
（※２）倫理的な問題と、拒絶反応の問題　（※３）現在、がん化のリスクはかなり軽減されている

ES細胞ができるまで

1 受精卵を用意する

体外受精によって受精卵をつくり出し、胚盤胞になるまで6～7日ほど培養する。

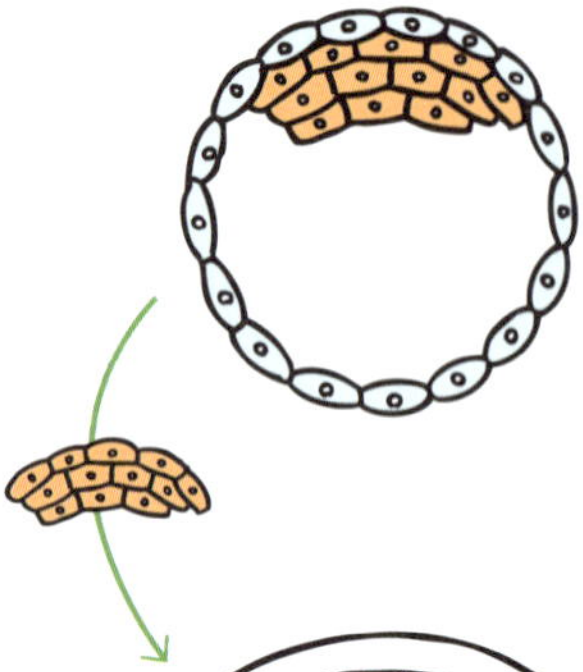

2 胚盤胞の一部をとり出す

胚盤胞のなかから、細胞のかたまり(内部《ないぶ》細胞塊《さいぼうかい》)をとり出す。

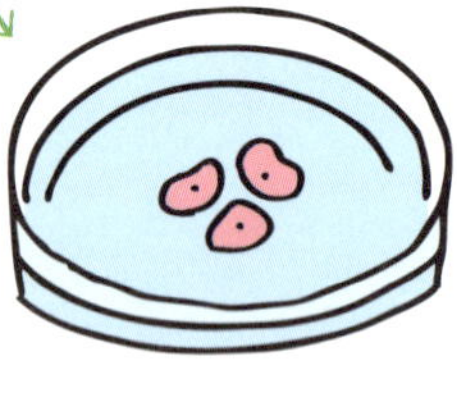

3 培養する

補助のような役割をするほかの細胞と一緒に培養していく。

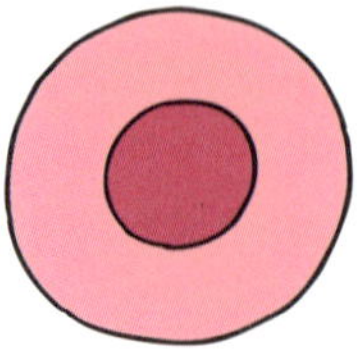

ES細胞の完成

iPS細胞ができるまで

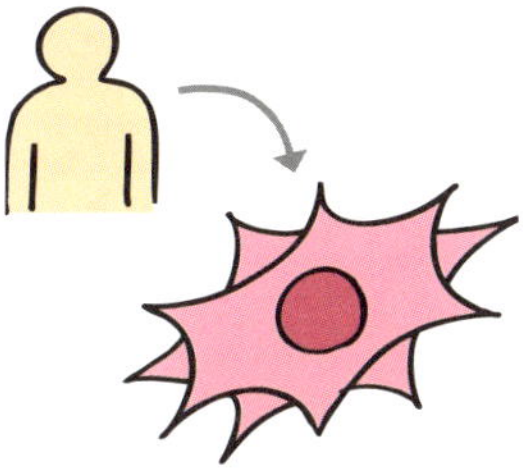

① 体細胞をとり出す

皮膚や血液など、採取しやすい部分の体細胞を取り出す。

② ヤマナカファクターを組み込み、培養する

ヤマナカファクターと呼ばれる4つの遺伝子を組み込んで培養する。

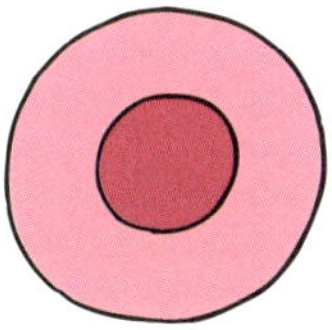

iPS細胞の完成

・ES細胞とiPS細胞の比較

	ES細胞	iPS細胞
もとになる細胞	受精卵	体細胞
増殖する力	ほぼ無限に増殖できる	ほぼ無限に増殖できる
分化の力	人体のほとんどの細胞に分化できる	人体のほとんどの細胞に分化できる
問題点	他人の受精卵を使うため、倫理的問題と拒絶反応の問題がある	かなり軽減はされているが、細胞ががん化するリスクがあり、未解明の部分が多い

がん免疫療法

からだの免疫でがん細胞と戦う

京都大学の本庶《ほんじょ》佑《たすく》教授は、免疫を担う細胞のはたらきを抑えるタンパク質、**PD-1**を発見したことなどから、2018年、ノーベル生理学・医学賞を受賞した。これにより、これまでのがんの治療法（※1）に加え、第4の治療法、**がん免疫療法**が広まった。

人間のからだに異物が侵入すると、それを排除しようと**T細胞**（➡P.54）などのリンパ球などがはたらく。ただし、リンパ球は、正常な細胞まで攻撃してしまわないようにブレーキをかける機能を持っている。**がん細胞**（➡P.146）は、なんとそのブレーキ機能を悪用して、リンパ球のはたらきを抑えてしまうことができるんだ。

本庶氏は、このブレーキとなるPD-1を発見したばかりでなく、ブレーキを外して、リンパ球ががん細胞を攻撃できるようにする薬も開発。すでに製品化もされていて、従来の治療法では治すことが難しかった患者たちに希望を与えているんだ。

コラム

樹状細胞ワクチン療法

樹状細胞（➡P.50）のはたらきを活かした、がん免疫療法のひとつ。樹状細胞を体外で培養し、がん細胞の特徴を持つ物質を樹状細胞に記憶させてから体内に戻すというもの。すると体内では樹状細胞がリンパ球（➡P.38）にがん細胞の特徴を伝え、がん細胞への攻撃がはじまるんだ。

（※1）手術療法、放射線療法、薬物療法の3つ

がん免疫療法のしくみ

通常はがん細胞がブレーキをかけてしまうリンパ球のはたらきを、がん免疫療法で解除することができる。

・通常の場合

がん細胞が免疫細胞（リンパ球）のはたらきにブレーキをかけ、がん細胞への攻撃が阻止される。

・がん免疫療法の場合

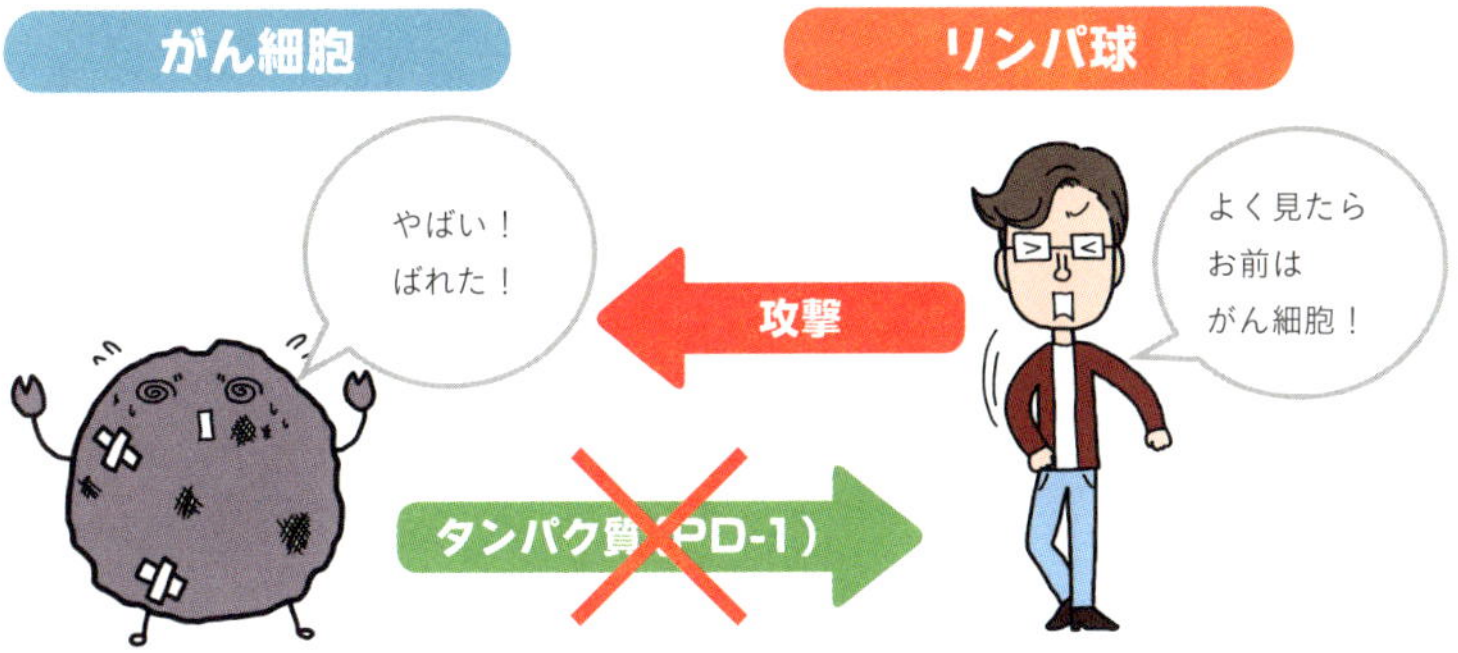

免疫細胞にかかったブレーキが外され、リンパ球が活性化してがん細胞への攻撃をはじめる。

CELL NO.30

細胞の「できそこない」！

がん細胞

正常な細胞になるはずだったが、遺伝子に傷がついたために姿を変えた。増殖して集まると悪性腫瘍になる。

遺伝子が傷つくことで生まれる異常な細胞

正常な細胞は、そのときの状況に応じて増えたり、増えるのをやめたりしている。たとえば皮膚の細胞は、ケガをすると元通りになるまで増殖するが、傷が治ればそれ以上増えることをやめる。これはからだからの信号によってコントロールされている。

ところが！　正常な細胞の遺伝子になんらかの原因によって傷がついてしまうと、ひどい悪影響をおよぼす、できそこないの細胞ができてしまう。これが**がん細胞**の正体。がん細胞は、ほかの正常な組織が摂取しようとする栄養をどんどん奪ってしまい、からだを衰弱させる恐ろしい存在なのだが、もともとは正常な細胞だったわけだ。通常はリンパ球などによって排除されるが、場合によっては、**がん**を引き起こしてしまう。

がん細胞は、からだからの信号にしたがう能力がなく、信号を無視して勝手に増殖してしまう。やがて何年もかけて数を増やし、がん細胞はがん（**悪性腫瘍**）になる。

正常な細胞が増殖しすぎてできた**良性腫瘍**の場合は、からだのあちこちに広がったり、ほかの正常な組織から栄養を奪ったりすることもない。でも悪性腫瘍の場合は、組織から浸み出るように広がったり、血液やリンパ液にのって離れた組織に転移したりする。その結果、からだは衰弱し、最悪の場合、死に至ることになる。

コラム

がん遺伝子とがん抑制遺伝子

細胞の遺伝子に傷がついてがん細胞が生まれると、細胞が増殖するアクセルが踏まれたままの状態になることがある。このときの遺伝子を「がん遺伝子」と呼び、このアクセルが踏まれたままのときにブレーキのはたらきをする遺伝子を「がん抑制遺伝子」という。この２つの異常が積み重なって「がん」となるんだ。

多段階発がんの流れ

がん細胞は、遺伝子に傷がついてできる。それから異常が積み重なってがんを発症するしくみのことを、多段階発がんというんだ。

1

遺伝子に傷がつく

正常な細胞の遺伝子に2～10個ほどの傷がつくことにより、がん細胞が生まれる。

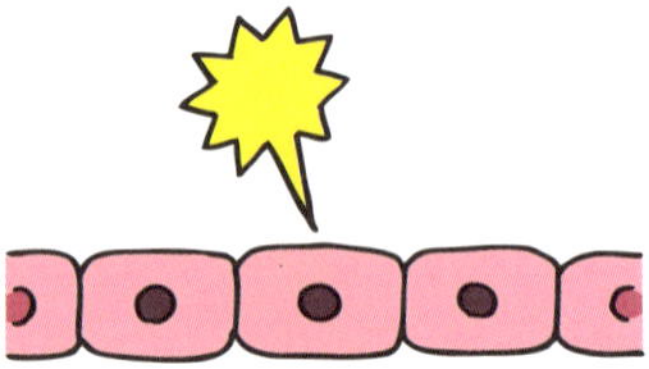

2

がん細胞が増えはじめる

1により、がん遺伝子のはたらきが活発になる。がん細胞が増えはじめる。

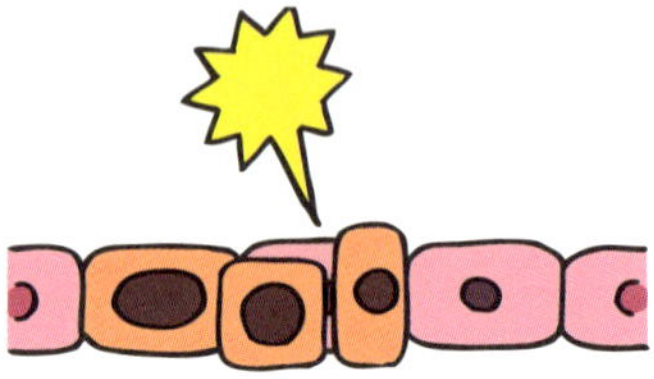

3

がん細胞が異常に増殖する

がん抑制遺伝子によるブレーキが効かなくなり、がん細胞がどんどん増えていく。

4

がん細胞が腫瘍になる

異常が積み重なり、増え続けたがん細胞がかたまりとなって、がん（悪性腫瘍）になる。

コラム

がん細胞は誰もが持っている？

がん細胞は特別な細胞ではなく、もともと誰もが持っている細胞ががん化したものを指すよ。通常、がん細胞は免疫細胞であるリンパ球などのはたらきによって退治されるが、その機能が低下してしまうと、がん発症のリスクが高まってしまうんだ。

vol. 9

がん

死亡率第1位！ がんに負けないためには？

日本人の死亡原因で最も多いのが、がんだ。毎年、何十万という人が命を落としている。しかも日本人の2人に1人は、一生のうち一度はがんにかかるといわれている、恐ろしくも身近な病気なんだ。

とはいえ、がんは人から移される病気ではないし、子宮頸がんのように、ワクチンの接種で予防することもできるものもある。また、日々の暮らしで気をつければ、ある程度かかりにくいからだにすることもできるんだ。

がんになりにくいからだにするには、免疫力を高めることが大切。実は健康な人でも、1日数千個のがん細胞が生まれているという。それでもすべてがんにならないのは、リンパ球などの白血球が、がん細胞を退治してくれているから。特にキラーT細胞やNK細胞などが活躍しているよ。

これらの細胞のはたらきを活発にさせるには、正しい食生活、適切な運動などを心がけることが大切だといわれている。せっかくたくさんの細胞たちが活躍して維持できている健康なからだなのだから、大切にしなければいけないよね。

エピローグ
…さて 今回の細胞案内はここまでかな
え!? 終了!?
もうちょっと見たかったなー
どうだった? セレナ
自分のからだのこと理解できたかい?
うん! 意外と大変だってわかった!
意外とって!

悪い奴らをやっつけてくれる細胞たちや
骨とか筋肉とかからだをつくってくれる細胞とか
みんな私のために
忙しくはたらいてくれてるんだね
ス
ポ
あぁ～待って！
ガシッ
かわいい子ちゃん！
ちょっと！なにしてるんだ!?
えへへつれて帰ろうと思って…
エヘヘ
みんな大事だと教えただろ！
かわいいのにな…
ちぇ…
たっ

まいいや
そろそろ帰るね！
バイバーイ
ニューロン
本当にわかってるのかな〜？
カタ
カタ
あ
セレナセレナ！
どう？今日も飲むでしょ？
ん〜〜〜
ごめん！今日帰るわ！
え〜〜〜
めずらし！
あんまり飲むとニューロンに怒られちゃうからね♪
えらいぞ〜
おわり

索引

INDEX

Index

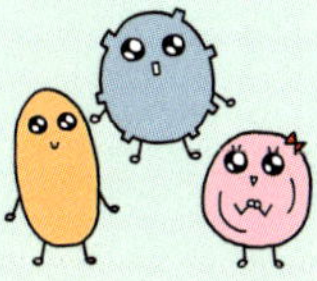

監修　鈴川茂

代々木ゼミナール生物講師。ＴＶアニメ「はたらく細胞」の細胞博士(YouTubeにて、「細胞」に関する動画を好評配信中！)。北里大学理学部生物科学科卒業。大学在学中は「古細菌」の研究に専念。現在は、東大や京大などの難関大から共通テスト(センター試験)まで幅広い入試研究をしながら、「生物学のおもしろさを多くの人に知ってもらいたい！」という思いで、全国で講義活動を行っている。“生物学に興味をもってくれる人が増えれば世の中はもっと良くなる”と信じて、今日も教壇に立っている。

Staff

企画・編集／スタジオダンク

イラスト／りゃんよ、
小山琴美(株式会社ツグミ)

デザイン／山岸蒔(スタジオダンク)、
徳本育民

編集・執筆協力／石川あさみ、常井宏平、
福田智弘、穂積直樹

参考文献

『イラストでまなぶ生理学 第3版』田中越郎著(医学書院)
『カラー図解でわかる細胞のしくみ』
中西貴之著(SBクリエイティブ)
『視覚でとらえるフォトサイエンス生物図録 改訂版』
鈴木孝仁著(数研出版)
『専門基礎[1] 人体のしくみとはたらき』
河原克雅著(医学書院)
『ニュートン別冊　細胞と生命』(ニュートンプレス)
『のほほん解剖生理学』玉先生著(永岡書店)
『マンガでわかる　細胞のはたらき』坂井建雄監修(池田書店)
『よくわかる！「はたらく細胞」細胞の教科書』(講談社)

世界一やさしい！　細胞図鑑

2019年11月5日　初版発行

監修者　鈴川茂
発行者　富永靖弘
印刷所　株式会社新藤慶昌堂

発行所　東京都台東区台東2丁目24　株式会社　新星出版社
〒110-0016　☎03(3831)0743

ISBN978-4-405-07299-2